核心素养阅读

教育部统编《语文》推荐阅读丛书

金帆/主编

森林报·冬

SENLINBAO DONG

[苏] 比安基/著

李旭东/译

四川人民出版社

图书在版编目（CIP）数据

森林报. 冬 /（苏）比安基著；李旭东译. — 成都：四川人民出版社, 2019.7
（核心素养阅读 · 教育部统编《语文》推荐阅读丛书 / 金帆主编）
ISBN 978-7-220-11426-7

Ⅰ. ①森… Ⅱ. ①比… ②李… Ⅲ. ①森林—少儿读物 Ⅳ. ①S7-49

中国版本图书馆 CIP 数据核字（2019）第 107293 号

核心素养阅读 · 教育部统编《语文》推荐阅读丛书
金 帆 / 主 编
SENLINBAO DONG
森林报 · 冬
[苏] 比安基 / 著　李旭东 / 译

出 版 人	黄立新
策划组稿	张明辉
责任编辑	段瑞清　任学敏
技术设计	李子奇
封面设计	牧云堂工作室
责任印制	李　剑
出版发行	四川人民出版社（成都市槐树街 2 号）
网　　址	http://www.scpph.com
E-mail	scrmcbs@sina.com
新浪微博	@四川人民出版社
微信公众号	四川人民出版社
发行部业务电话	（028）86259624　86259453
防盗版举报电话	（028）86259624
印　　刷	北京飞达印刷有限责任公司
成品尺寸	170mm × 240mm
印　　张	13
字　　数	208 千
版　　次	2019 年 7 月第 1 版
印　　次	2019 年 7 月第 1 次印刷
书　　号	ISBN 978-7-220-11426-7
定　　价	26.80 元

在读书上，数量并不列于首要，重要的是书的品质与所引起的思索的程度。人生漫漫，变化无常，我们往往不能决定自己遇到什么样的人，也不能决定自己这一辈子走什么样的路。然而，幸运的是，我们可以决定读什么样的书，读多少书。

目前，有一个词在国家自上而下的大力推广下，成了社会热词，这个词就是“全民阅读”。“全民阅读”是一件很好的事情，有国家的提倡，更容易在社会上引起阅读的潮流，弘扬传统文化，接收世界文明，塑造国民性格，提升国民素质。作为中小学生，更应该养成读书的习惯，因为青少年时期是一个人价值观、世界观和个人性格形成的关键时期，而阅读对人生正确的价值观的确立起着至关重要的作用。甚至可以这样说，一个人的阅读史就是其价值观的形成史，阅读的内容与方式在一定程度上决定了其价值观的内容与形成过程。在青少年的成长过程中，他们的阅读数量与质量影响了其成长的方向与速度。

当今社会，电子产品带来的快节奏娱乐已经让人们的心灵变得异常浮躁，他们很难静下心来，去慢慢阅读一本书，细品一首诗、一篇散文、一部小说……因而不能体会文字之美、阅读之乐。久而久之，读书成了一件很遥远的事情，而孩子的心得不到书籍的滋润，也将慢慢成为文化沙漠。这对一个国家、一个人来说，是多么遗憾、多么危险的事情啊！

正因为如此，我国教育部为中小学生量身定制了一套新课标推荐阅读书目，把一些世界经典名著列入其中，在考试中加以考查。现在，有了国家对阅读的大力提倡，顺应“全民阅读”的潮流，加上学校和家长对孩子们的引导，我们相信孩子们会拿起书，喜欢上阅读，渐渐得到读书带来的快乐。

而且，有了推荐书目的指导，我们就有了阅读的方向和大致的范围，面对浩如烟海的书籍，我们就不会感到无从选择。

但是，阅读也是一门学问。怎么阅读一本书呢？读一本书的时候，我们应该注意什么、抓住什么、体会什么？只有掌握了一定的阅读方法，我们才能从《小巴掌童话》里体会纯真与美善，从《钢铁是怎样炼成的》里感受顽强与坚毅，从《城南旧事》里领略北平的风土人情，从《老人与海》里学习永不放弃的精神……

所以，我们策划出版了这套丛书，教学生学习阅读的方法，掌握阅读的技巧，解开阅读的奥秘，从而提高阅读成绩，品尝阅读的快乐，得到生命的滋养。为此，我们做了以下策划：

一 制定“名师导读方案”和“名著阅读导航”，帮助学生详细深入理解、体会作品

为了帮助读者快速了解每一部名著的阅读要点，我们聘请教育专家和作家团队，根据中小学生的阅读特点，制定了一整套阅读方案，包括对名著主题、形象塑造、语言风格、艺术特色、作家生平、写作背景、作品评价、名

著情节、人物关系、重点章节的总结与归纳等，可以让中小学生迅速把握一本名著的阅读要点，懂得怎么深入理解名著，提高阅读能力与欣赏水平。

二 名师撰写点评与赏析，帮助学生把握解析要点，体会名著之美

名著不同于一般的作品，它的文字往往更具美感，更有深意。为了帮助学生更好地理解、体会与学习，我们特别邀请了一线著名语文教师，根据学生的需要和他们的阅读特点与水平，在文中和文末撰写赏析文字，这里有对精彩语言的赏析，有对人物形象的解读，也有对作品思想与主题的挖掘，可以帮助学生全面体会名著之美。

三 设置“考试真题回放”和“阅读达标训练”，帮助学生提高考试成绩

为了适应教育部对中小学生关于阅读世界经典名著的考查，我们特意设置了“考试真题回放”“阅读达标训练”两个栏目。“考试真题回放”可以帮助中小学生了解、熟悉考题范围和类型，从而更好地备考。“阅读达标训练”中的训练题，题型丰富，贴近真题，可以巩固学习成效。相信这二者的结合，可以提高学生的考试成绩！

四 组织多方面专家，全力为中小学生打造完美的世界名著阅读丛书

在丛书的编写过程中，我们特别邀请了著名作家、中小学一线著名语文教师，从文学和教学的角度对本套丛书进行整体策划、栏目撰写、严格审定，希望把本套丛书打造成中小学生新课标课外阅读读物的首选读本，让中小学生从这里出发，拿起名著，阅读名著，爱上名著，体会名著的语言之美、人物之美、思想之美，从而提高阅读成绩！

读书是一个人值得用一辈子去做的事情，书籍是沙漠中的一抹浓绿，是山间的一缕清风，是夜空的一轮明月……它滋润我们干涸的心田，吹走内心无名的焦灼，照亮暗夜里前行的道路……拿起名著，热爱读书，从这套丛书开始吧！相信你会收获人生的华枝春满、天心月圆！

目录

名师导读方案

名著阅读导航

森林报　晨霜初白月（冬天第一月）

打靶场答案　“锐眼”称号竞赛答案及解析

名师导读方案

著名作家+著名老师=联合导读

名著阅读六大要点

一　理解关键词语的含义和作用
二　积累好词好句好段
三　了解作品的主要内容和主题
四　把握人物形象的特点
五　感受语言的优美
六　有自己的体会和看法

一　理解关键词语的含义和作用

我们在阅读文学名著时，往往会遇到一些难以理解的词语，这样的词语阻碍我们读懂某一句话或某一段话的意思。所以，我们必须正确理解词语的含义，而理解词语不能仅仅局限在表面意思上，还要认真体会它们在文中所起的作用。

1 联系上下文理解关键词语的含义

我们在阅读时会遇到一些生词，这时我们可以结合词语所在语句的意思来理解其含义。有时仅理解词语的本义是不够的，作者会为了表达某一种意思，而采用一些词的特殊含义，这时我们可以通过联系上下文的具体内容来理解这些关键词语的含义。

比如 在《与狐狸斗智斗勇》这一节中，安德烈对塞索伊奇说："你还真行啊，这事情到底是哪个多嘴多舌的娘儿们告诉你的？”这里的“行”字就不是我们平时理解的“行走，前进”的意思，而是“厉害，有能耐”的意思。

❷ 联系上下文体会关键词语的作用

了解了关键词语的含义，我们还要联系文章的具体内容，仔细体会关键词语所表达的作用。一些关键词语既可以表达人物的感情、心情，又可以展示人物的性格特点。

比如 在《猎熊》这一节中，当大家决定使用后备射手时，“那个人又傲慢地显露出一副很不屑一顾的样子，耸了耸肩膀”，表示不同意这种看法。这里用“不屑一顾”一词表现出这个城里人的自负和傲慢，也为下文写由于他的轻敌造成打猎时的失误埋下了伏笔。

二 积累好词好句好段

我们在阅读文学作品时，会读到很多优美的词句、精彩的语段，这时我们就需要认真体会，多读、多记、多积累，然后灵活使用。这样，以后我们就不怕写作文啦。

❶ 好词

文学作品就是一个百宝箱，它里面有生动形象的动词、丰富细腻的形容词、准确传神的拟声词，还有很多精练简洁的成语等，这些都值得我们好好学习。

比如 沉寂　纤弱　矫健　滴溜溜
翠色欲滴　忍痛割爱　不约而同

欣喜若狂

❷ 好句

文学作品中还有很多优美的句子，有描写人物外貌的，有描写美丽风光的，还有描写精彩对话的。这些句子描写准确，并运用了比喻、拟人、排比等修辞手法，都是值得我们积累的好句子。

比如 啊，你快看哪，它现在还在温暖的雪花被下顽强地鼓出花朵和花蕾呢！它这是在积蓄力量，准备以最美丽的面容迎接春天的到来呢！

❸ 好段

精彩的段落描写在文学作品中也很常见，有的巧用修辞，展现妙趣横生的情节；有的用优美的语言描写景物；等等。我们平时应该注意积累和学习，这对我们写作文会有很大的帮助。

比如 当时，这只大狗熊正十分香甜地睡着觉呢，突然被从天而降的庞然大物吓得跳出了大坑。这样一来，掩盖在大坑上的冰啊，雪呀，树枝呀，一时间往四周纷纷乱射，那情形简直和炸弹爆炸了差不多。这样的场景把狗熊吓得肝胆俱裂，它发疯般地冲向树林，以不可思议的速度逃窜了（它心里一定想，是猎人来捕捉它了）。

三 了解作品的主要内容和主题

文学作品反映了特定时期的历史和社会内容，展现了丰富多彩的社会生活。我们阅读文学作品时，要注意把握作品的主要内容和主题。

❶ 了解文学作品展现的主要内容

阅读文学作品时，扫清了字词的障碍后，我们就可以从整体上把握文学作品的主要内容了。只有抓住了文学作品的主要内容，我们才能更准确地了解作者的思路，提高分析、概括和认识能力。

《森林报·冬》以来自森林的各种新闻信息为主要内容，向读者展示了寒冷冬季里自然界各种动物、植物等对抗严寒和饥饿的神奇力量和智慧，这一系列的小故事有时会让人对生命产生敬畏，有时会让人感觉凶险，有时又让人内心充满温情……总之，来自大自然的知识无穷无尽。比如款冬在寒冷冬季里绽放的情节。

❷ 了解作品所表达的主题

作者写一部文学作品总有他的目的，当我们能够把握住文学作品的主要内容，体会文学作品的故事情节时，我们就可以深入感受作者的思想情感了。阅读文学作品时，我们把作者在作品中阐明的道理、主张，流露的思想感情概括起来，就准确地把握了作品的中心思想，也就能更深刻地理解作品的主题了。

《森林报·冬》向我们展示了在看似沉寂的冬季里，其实有许多生命仍然活跃在森林的每一个角落，让我们的内心感到震撼，让我们对生命的顽强和韧性产生敬畏。

四 把握人物形象的特点

在文学作品中，我们会发现各式各样的人物形象，有的可爱，有的勇敢，

有的懦弱，等等。在阅读文学作品时，我们要注意把握人物形象最突出的特点，抓住某一人物与其他人物不同的性格特点，这样才能更好地理解文学作品。

比如 塞索伊奇冷笑了一声，不屑地答道：“多嘴的娘儿们？可惜她们一辈子也不会明白这事的。我的消息可全部来自那只狐狸留下的脚印！现在还是我来告诉你们具体的情况吧。”从这些可以看出塞索伊奇捕猎经验丰富，是一个自信、高傲的猎人。

五 感受语言的优美

好的文学作品经常运用优美的语言讲述生动的故事，表达强烈的情感。我们在欣赏文学作品的语言时，要注意文学作品所运用的各种修辞手法，通过对这些修辞手法的鉴赏来提高我们的语言水平，并将借鉴到的语言特点更好地运用在我们的写作中。

比如 “那只小鸟的黑色脊背浸泡在透明的冰水里，映衬着波光粼粼的水面，闪着银色的光芒，简直就像是一条在水里嬉戏的小银鱼。”这句话运用比喻修辞，形象地写出了水雀（即河乌）敏捷游水的样子。

六 有自己的体会和看法

文学作品问世之后会拥有各种各样的读者。因为每个读者的经历、知识和看待问题的角度不同，所以，每个读者对作品的体会也是不一样的。我们在阅读文学作品时要有自己的体会，这样才能有收获。

比如 对《与狐狸斗智斗勇》这一节的理解：那只老狐狸太狡猾了，不仅多次从猎人的围捕中逃脱，而且这次还骗过了经验丰富的塞索伊奇。

名著阅读导航

一 基础知识

⊙作者简介

维塔里·瓦连季诺维奇·比安基（1894—1959），苏联著名的儿童科普作家和儿童文学家，被称为“发现森林的第一人”“森林哑语翻译者”。

1894年，比安基出生在一个养着许多飞禽走兽的家庭里。他父亲是著名的自然科学家。在这样一个科学氛围浓厚的家庭中，比安基从小就热爱大自然，对大自然的奥秘产生了浓厚的兴趣。他跟随父亲上山去打猎，跟家人到郊外、乡村或海边去居住。在那里，父亲教会他认识山中的鸟类和野兽，熟悉它们的习性，教会他怎样观察和记录大自然的一切。升入大学后，比安基在彼得堡大学学习自然专业，在科学考察、旅行、狩猎中与护林员、老猎人交往，理论与实践相结合，积累了大量关于动植物的资料，这为他以后的写作提供了丰富的素材。比安基的作品除了《森林报》以外，还有作品集《森林中的真事和传说》《中短篇小说集》《短篇小说和童话集》等。

⊙ 写作背景

比安基从小就学会了观察大自然，积累了对大自然的印象。大自然中的每一棵草、每一朵花、每一个小动物都成了他生命中不可或缺的一部分。这让他养成了仔细观察的习惯，也开拓了他的视野，培养了他对大自然的兴趣，使他深深地爱上了大自然。

在比安基27岁时，记录大自然的日记就已经有厚厚的一大摞了。神奇的大自然打动了他，也让他有了一个梦想，那就是一定要让这些美丽、神奇、伟大的动物和植物永远活在他的文字里，让全世界的人都能认识、了解这个奇妙的世界，爱上大自然。于是他决心要用艺术的语言，将大自然的神奇、美丽讲给所有热爱大自然的人们听。

1923年，比安基成为彼得堡学龄前教育师范学院儿童作家组成员，开始在杂志《麻雀》上发表作品，从此一发而不可收，森林的样貌被逐一展示在世人面前，这就是比安基进行科普创造的初期。1924年—1925年，比安基主持《新鲁滨孙》杂志，在该杂志开辟了属于森林报道的专栏，这就是《森林报》的前身。1927年，《森林报》一书问世，成为比安基正式走上文学创作道路的标志，也成了他的代表作。该书出版后至1959年再版9次，每次都会增加一些新内容，深受青少年朋友的喜爱。

⊙ 作品主题

《森林报》自出版以来就受到读者的热烈欢迎，在世界各地连续再版，被称为“大自然颂诗”。在书中，作者以风趣轻快的笔调，层次清晰地将森林里发生的故事展示给读者，让读者看到除了人类社会，自然界还有另外一个生物的社会。它们和人类社会一样，既有愉快的节日，也会发生残酷的争斗。在这个世界里，每一个生命都像我们一样，在不同的时间段，承载着不同的生命体验。这如同给读者打开了一个窗口，引导读者去观察大自然，研究自然的奥秘，看到生命的纯洁与美好，并在此基础上思索人生的真谛。

⊙ 情节简介

《森林报·冬》讲述了森林历中冬天三个月的故事，时间从12月21日至第二年的3月20日。共分成“晨霜初白月”“饥饿难忍月”“极度盼春月”三章。经历了春的欢乐、夏的热情、秋的哀伤，大自然终于开始沉寂下来。这是生物界和大自然的一场生死较量。皑皑白雪覆盖下的森林，演绎着一个个惊心动魄的故事。

在这本书中，你可以看到各种森林居民在雪地上留下的各自的神秘“笔迹”，可是要想读懂还是要动一番脑筋的；还可以看到狼和鹿追逐的身影，甚

至突然加入一只大黑熊；还有的森林居民开始了冬眠，只等着来年春天的到来……森林里的居民该走的都走了，留下来的就要经历寒冬的考验。许多小昆虫、飞鸟还有其他小动物没能承受住考验，被寒冬这个怪兽吞没了。但你也不用悲观，在大雪的覆盖下，你也能看到植物、动物顽强地生活着……

⊙ 动物卡片

鼩鼱——鼩鼱又名臭老鼠，乍看上去鼩鼱和老鼠很相似，但在近处仔细观察的话，就能清楚地辨认出来。因为鼩鼱的脸和老鼠的脸相比要长得多，而且鼩鼱总是弓着脊背。鼩鼱身上有一种和麝香差不多的气味，吃到嘴里则臭得很，有经验的野兽并不会捕食鼩鼱。

山雀——身体小而滚圆，全身羽毛浓密，有褐色带明显的草黄色矛状条纹及不规则斑纹，以蟋蟀、苍蝇、食物碎屑等为食，喜欢在寒冷的冬季里聚集到居民的住宅附近，因为它们在这些地方比较容易找到一些东西来填饱肚子，可以依靠食用捡拾的一些垃圾来度日。晚上，它们通常会栖息在大火炕背面温暖的缝隙里。

蝙蝠——蝙蝠是哺乳动物，也是唯一一种真正具有飞翔能力的哺乳动物。它的种类很多，分布世界各地。一般白天休息，夜间觅食。在炎热的盛夏，蝙蝠和人类拥有一样的体温，即37摄氏度左右，脉搏则是每分钟200次；到了冬天，蝙蝠就会冬眠。冬眠的地点一般在山洞，它们睡觉的姿势很特别，一个个头朝下，脚朝上，牢牢吸在那宽阔的坑坑洼洼的粗糙的山洞顶上。

海豹——脑袋溜光水滑，近乎圆形，上面还有稀稀落落的硬胡子。脸皮紧贴在头上，除了长着胡子外，脸上还长满了一层短短的毛发。一双眼睛漆黑，亮晶晶的。寒冬时节，海豹常从冰窟窿爬出来透透气，因此渔夫们也就利用海豹的这种生活习性来猎捕它们。拉多牙湖里有大量的海豹，那里堪称天然的海豹渔猎场。

水雀——水雀，学名河乌。羽毛呈褐色，质地较短而稠密，生活于山间河流中。河乌的翅膀上覆盖着一层薄薄的脂肪，十分特别，它一钻进冰冷的水里，那覆盖着脂肪的羽毛就会冒出一层小小的水泡，发出闪闪的亮光。这样一来，河乌的身体外面就如同穿上了一件空气做的外套。因此，即使在刺骨的冰水中，有了这层小水泡的隔绝，它也不会感到特别寒冷。

二　鉴赏与品读

⊙ 艺术特色

1．采用报刊的形式

平常的报刊都是刊登关于人的消息，以及人类社会发生的故事。可是森林里的那么多的故事，从不会被城市的报纸报道。《森林报》采用报刊的形式，按照春、夏、秋、冬四季12个月，有层次、分类别地报道了森林中的新闻。森林里会有辛勤的劳作、欢快的节日和意想不到的悲剧，也会有勇猛的英雄和蠢笨的强盗……这样的形式让人们读来有种亲近感，更有探知的欲望。

2．比喻、拟人修辞的使用

作者把自己一生观察大自然所积累的知识和经验，化成生动活泼的语言，用轻快的笔触，描写了大自然的喜怒哀乐，将自然界的悲欢离合表现得淋漓尽致。在严寒的列宁格勒，没有翅膀的小虫从土里探头探脑地出来，光着脚丫在寒风呼啸的雪地里乱窜；秧鸡用自己的双脚穿越整个欧洲；素不相识的兔阿姨，给兔宝宝们喂奶……这些比喻、拟人的修辞手法将大自然的动物们描写得那么生动、可爱，不光孩子爱看，成年人读来也趣味盎然。

⊙ 重点篇目

《森林报·冬》讲述了森林中的居民在冬天生活的故事，作者以一贯的幽默风趣的风格，通过比喻、拟人的修辞手法，讲述森林中动物的生活习性，以及为了生活而进行的斗争。为了更好地阅读全文，我们选取了几个重点章节，简要概述其中的内容，让我们在欣赏全文之前先感受本书的魅力。

《爆炸的雪》

一天早晨，本书的通讯员发现了雪地上留下了大量的脚印，像是发生了一次巨大的爆炸。经过推测，慢慢还原了昨晚发生的精彩的故事：

从雪地上的足迹可以看出，这里曾经有一只母鹿在树林间散步，不料一头狼出现，它被狼追赶。母鹿赶紧逃跑，但是狼却越来越近。

这时，前面出现了一棵被大雪压倒的大树，挡住了它们奔跑的去路。母鹿

跳过大树，狼紧随其后。但树的那面有一个大坑，里面酣睡着一只冬眠的大狗熊。母鹿跳过大树，后面的狼却滑倒了，差点掉到熊洞里。这惊醒了大狗熊，它想出门看个究竟。这时雪地里的雪球、冰柱子，还有树枝等一阵噼噼啪啪，听着像是爆炸声。还没有睡醒的狗熊以为遇到了猎人，被吓得迅速逃往树林。狼再起来发现大狗熊站在眼前，也吓得逃跑了。母鹿趁这个机会得以逃脱。

《与狐狸斗智斗勇》

一个雪天的早上，塞索伊奇看到了地上的狐狸脚印。他通过追踪脚印，判断出了狐狸的情况。他想，要是抓住了这只狐狸，一定能卖个好价钱。于是他就和谢尔盖、安德烈两位猎人去猎狐狸了。

他们找到了狐狸藏身的小树林，做好了围捕的准备。然后便大张旗鼓地搜寻狐狸，却没有发现狐狸的身影。最后，他们找到了兔子的脚印，经过分析，他们发现上面还有狐狸的脚印。原来是狡猾的狐狸踩在兔子的脚印上以躲避猎人的追踪。但是狡猾的狐狸怎么能躲得了聪明的猎人呢？不久，他们又发现了狐狸的踪迹，于是他们不得不重新布置围捕的阵势。这时，一只深棕色的小动物从他们面前闪过，谢尔盖开枪，却打中了一只兔子。众人都很泄气，无精打采地往回走。

后来，塞索伊奇才知道，狡猾的狐狸为了躲避人类的追捕爬到了树上，原来狐狸也是可以上树的。

《不速之客》

在寒冷的冬季，森林里并不容易找到食物。那些森林中的居民是怎样挨过寒冷的冬天呢？其实，森林中的居民为了食物，这个时候会经常聚集到居民住宅附近。在这样的地方，可以轻松地找到食物来填饱肚子的。比如黑琴鸡和灰山鹑会溜到打谷场；白鼬会钻进居民的地窖捉老鼠，雪兔也会大着胆子跑到村边的干草垛。有一天，《森林报》的通讯员开门的时候，竟然飞进来一只山雀，这只山雀甚至还跳上餐桌啄食。真的太大胆了！

《猎熊历险》

有个守林员发现了一个熊洞，就请来猎人抓熊。

猎人按照习惯，守住洞口的南侧。因为熊洞口是朝太阳升起的地方，熊醒来后通常从南侧出来，这样猎人就可以打中它的心脏。

准备好后，守林员放开了猎狗去引出狗熊。可是过了很长一段时间，洞里没有一点反应。正当大家松懈的时候，一头大狗熊从洞里出来，径直扑向了猎人。慌忙中，猎人开枪了，可惜子弹只是擦过熊的脑袋，飞向了一边。这下激怒了狗熊，它一脚踢翻猎人，把自己的身体压了上去，又一把抓起了猎人的头发，将头皮撕下来。幸好猎人有经验，他忍痛拿出短刀，刺向熊的肚子。熊滚到一边，猎人才保住了性命。

⊙ 作品评价

《森林报》是一本博物志，寓教于乐。青少年们通过阅读不仅可以从森林里的新闻中得到欢笑，更能增长见闻，丰富知识，对于语文、地理、生物等学科的学习大有裨益。森林里的乐趣无穷多，每个小动物都有自己的生活方式，在一年四季中演绎着别样的“人间烟火”。细细读来，这些小动物很亲近人，似乎就是成天打闹的邻居孩童，亲切可爱。《森林报》自1927年首次出版后，受到广大读者尤其是少年儿童的热烈欢迎，并被译成多国文字，在英国、法国、德国、日本、中国等国家发行。这部经典读物经过不断修订、补充，最终成为科普著作中的传奇。

森　林　报

晨霜初白月（冬天第一月）　　从12月21日到1月20日

一年12个月的欢乐诗篇——12月

12月——天寒地冻。12月铺冰砖，12月钉银钉，12月大地沉睡，12月冰封一切。【排比：排比的句式把12月所具备的天气特征详尽而生动地描写了出来，充分体现了冬季开始后的严寒。】12月是一年的结束，是冬天的开始。

把水凝结成晶莹的冰块的工作已经全部完成了：平时汹涌澎湃的河流此时被冰冻了起来，变得安静了许多；大地和森林全被雪被子包裹了起来；连太阳也悄悄躲到乌云后面去了。白昼变得一天比一天短，黑夜变得一天比一天长。

厚厚的积雪下埋藏了许多尸体！一年生的草本植物按期完成了一生的使命，它们开花、结果，最后枯萎了，又重新回到了大地的怀抱——那里曾是它们的出生地。无脊椎小动物们都是一年生的动物，它们也按期走完了自己短暂的一生。

虽然它们都结束了生命，可植物留下了种子，动物产了卵。到了固定的时间，太阳就会用自己温热的吻来唤醒它们的生命，如童话中的王子挽救死去的公主一般。【拟人：把太阳的照耀比拟成人“温热的吻”，形象地刻画出了太阳光线的温暖，以及它对一切生物的重要性，语言传神，富有感染力。】它将再一次从泥土中创造出新的生物体。对于那些多年生的动植物而言，它们有

足够的能力在酷寒难耐的漫长冬季里保护好自己的生命，一直到来年春暖花开的日子降临。现在冬季还没完全发威，12月23日——太阳的生日，这一天却已经悄悄临近了！

太阳就要重返世间，它回来的时候，一切生命都将复活。

希望虽然不再遥远，但还是先想办法把冬天熬过去吧！**【冊动词：“熬过去”一词准确地把冬天里一切生命对严寒的忍耐程度所达到的极限刻画了出来，用词生动形象。】**

我的好词好句积累卡

晶莹　枯萎　温热　酷寒　汹涌澎湃　春暖花开

平时汹涌澎湃的河流此时被冰冻了起来，变得安静了许多；大地和森林全被雪被子包裹了起来；连太阳也悄悄躲到乌云后面去了。

现在冬季还没完全发威，12月23日——太阳的生日，这一天却已经悄悄临近了！

冬之书

大地换上了洁白耀眼的冬季礼服。【**拟人：把大地比拟成人，形象地描写出了冬季里大地的特征，语言充满趣味性。**】空旷的田野和大片的林间空地，就像是一本巨大的书本里的空白书页，显得那样洁净、整齐。如果有谁曾途经此处，那它就一定会在这书页上留下它的签名："某某到此一游。"

经过白天的一场大雪，书页又恢复成洁白无瑕的样子。

如果你在清晨出来散步，那么，你会在地面的积雪上发现一些稀奇古怪的符号，它们或整齐或凌乱地印在洁白完整的书页上——有的像逗号，有的像冒号，还有的似乎是句号。这些符号是什么意思呢？你一定猜着了！这些就是森林里的居民们留下的，它们或许只是出来散散步，或者跳跃了一会儿，或是舒活了一下筋骨，反正是在这里做了点什么。【**排比：用排比的修辞手法把清晨动物们在雪地上的各种活动列举了出来，也解释了积雪上为什么留下了那么多稀奇古怪的符号，充满想象力。**】

那么，都有哪些居民来过了呢？它们又各自有哪些活动呢？

赶紧来研究探讨一下这些符号吧！赶紧来破解这些神秘的签名吧！如果不快点行动，另一场大雪说不定什么时候就来临了，这些书页就会被重新翻过去，眼前的雪书就又变得洁白无瑕了。

谁——怎么样去读?

在冬季这本大书里，森林中的居民都有着属于自己风格的签名，它们彼此的笔迹很有差异，符号也各有特色。人们要是来阅读这本冬之书，那肯定是要用眼睛来辨识的，不用眼睛看的话，那还怎么读书哇?

但就是有那么一些很特别的居民，它们偏偏不用眼睛，就比如说狗，它就是用鼻子来辨认冬书上的各种符号的:【**对比：把狗和其他居民作对比，突出狗以鼻子来辨识地上动物痕迹的与众不同，对比鲜明，特征明显。**】它只是低下头，用鼻子仔细闻一闻那些签名，就会立马知道是什么——这里曾有狼经过，或者是小兔子刚离开此地。

可不能小瞧野兽们的鼻子，它们的学识渊博得很，读起各种符号，不会出一点儿差错。

谁——用什么写?

当然，更多的野兽选择用脚爪写字。有的写成四爪字，有的写成五爪字，有的写成蹄字。【**排比：用排比修辞一一列举不同动物在地面上留下的不同痕迹，体现出动物们的不同特色。**】也有一些很特殊的让人觉得不可思议的字体，比如尾巴字、鼻子字，甚至是肚皮字。

鸟通常用两种字体，即爪字和尾巴字，当然，有的鸟更有特色一些，会写成翅膀字。

签名里的真相

冬季这本书相当复杂，但我们勤劳的森林记者已渐渐掌握了阅读它的本领，并读到了各种各样有趣的故事。可是，鉴于这门科学的复杂性，能正确读出来可真是需要非凡的本领啊！毕竟，森林里的居民并不是个个诚实可靠，它们有的相当狡猾，甚至在签名的时候都要花招。

当然，老实的森林居民也为数不少，松鼠就是其中之一。它签名的时候就很诚实，因此也就很容易辨认：在洁白耀眼的雪地上，它像玩跳背游戏似的，蹦蹦跳跳，可爱至极。【**拟人：把松鼠比作人，把它的蹦跳说成是孩子们常玩的“跳背游戏”，生动地刻画出松鼠的可爱形象，也让读者感到很亲切。**】在跳跃的时候，它短短的前爪支撑在地上，相对较长的后腿蹬开，由于前后腿长度的差异，它一蹦就能跳出很远。它跳过之后，雪地上就会留下小小的前脚印，犹如两个圆圆的小点并排出现。它的后脚印则分得很开，像拥有细长手指的人的手掌似的。

老鼠的字体也很容易分辨，字迹虽然较小又有些模糊，但基本上还算是普通字体。它的奔跑是很有规律的。它悄悄钻出洞口，在周围快速地绕几圈，好像是在侦察敌情，确定安全后才径直冲向目的地，【**动作描写：“钻出”“绕”“冲向”等动作，把老鼠奔跑的特征和其天生的警惕性充满趣味性地刻画了出来，给人一种可爱有趣的滑稽之感。**】跑回洞里的过程中有时也会有同样的举动。它的字体在雪地上基本呈现为一些冒号，这些冒号长长的，而且每两个冒号之间还有着相等的距离。猫的脚印没有爪尖留下的痕迹，因为它在走路时会把爪尖缩进脚掌里。

辨认起来相对容易的还有鸟的笔迹。比如喜鹊的笔迹吧，喜鹊每只脚上有4个脚趾，签名的时候，前3个脚趾负责画个小小的十字形状，位于后面的第四个脚趾就会画出一个破折号；翅膀则把签名放在小小十字的侧面，形状像手指印一样。有时候，它可能要体现一下自己签名的个性，就用尾巴上那长长的纷

一只松鼠从高高的树上一跃而下

繁的羽毛在平整洁白的雪地上添上最后一笔。

这些签名都很诚实而且特征明显，人们一眼就能读懂：这里曾有一只松鼠从高高的树上一跃而下，接着调皮的它又在雪地上愉快地玩了一会儿，累了就又跳上树，回家休息了；那里曾有一只老鼠悄悄从厚厚的积雪下钻出小脑袋，小眼睛滴溜溜的，左瞅右瞧了一会儿，跑了几圈，好像是在活动筋骨，一转眼又钻回软绵绵的白雪棉被下小憩去了；而在那旁边呢，一只叽叽喳喳**【拟声词：“叽叽喳喳”一词，准确真实地把喜鹊的叫声和特点表现了出来，给人一种声音上的初步印象。】**的喜鹊跳到比较坚硬的积雪上，一会儿在这里欢快地蹦蹦，一会儿在那里愉悦地跳跳，同时还不忘用它那长长的尾巴和灵巧的翅膀扫扫雪面，完成这一切后又唱着悦耳的歌离开了。

可是，狐狸就没这么诚实了。它在雪地上写的字是不会让人轻易辨认出来的。人要想弄清其中的真相，那可要劳心费神了。如果你还没完全掌握它的签名方法，那你可就真的会被它的狡猾所蒙蔽呢！

脚印里的信息

你如果仔细观察，就会发现，原来狐狸的脚印和小狗的脚印是那么相像。其实，很严格地说，这两种动物的脚印还是有细微差别的，有心的人就一定会发现其中的不同。狐狸在把脚掌紧紧缩成一团的时候，它的几个脚指头能很灵活地并拢起来，而狗的脚指头就没办法做到这一点，狗即使把脚指头使劲缩，看起来也还是各个张开着。因此，狗踩在地上形成的脚印和狐狸的脚印相比就要浅一些，给人的感觉是不够扎实。**【对比：把狐狸的脚印和狗的脚印进行对比分析，鲜明地指出了二者因脚指头的不同特点而造成的脚印的差异，告诉人们它们的脚印虽表象相像，但实际上有着细微的差别。】**

小狗的脚印和狐狸的脚印很像，而大狗的脚印又和狼的脚印模样差不多，这二者的脚印实际上也是有细微差别的。因为和狗的脚掌比起来，狼的脚掌两侧边缘是往里面生长的，所以相对来说，狼的脚印就比狗的脚印看起来狭窄且透露出秀气之美；狼脚爪上和脚掌心上那几块硬硬的小肉疙瘩，踩在柔软的雪地上时印痕会更深一些。就前后脚爪印之间的距离来说，狼前后脚爪印的距离要比狗的大一些。和狗相比，狼的前爪在地上留下的印痕是缩在一起的，而狗留在地上的印痕中，那些生在脚趾处的小肉疙瘩则是并拢在一起的。（下图有三种脚印——狐狸脚印、狗脚印和狼脚印，请比较一下。）

 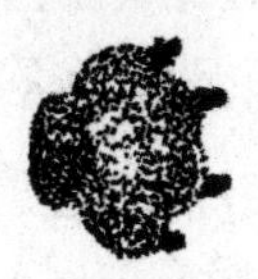 

这是基础知识。

辨识狼的脚印特别费神，因为狼总是狡猾无比，会根据不同情况耍各种各样的鬼把戏，它会故意把自己留下的脚印搞得乱七八糟，【成语：“乱七八糟”一词言简意赅地把狼故意将自己的脚印弄得无秩序、无条理、乱得不成样子的狡猾心理生动地刻画了出来。】狐狸也经常用这套办法来迷惑人。

有意思的是，熊的脚印很像人的脚印，黑琴鸡的脚印像“个”字竹叶。

狡猾的狼

当狼缓步前行，或者一路小跑的时候，很神奇的是，它的右后脚总是能准确无误地踏进左前脚留下的脚印里，相同地，它的左后脚也会踏入右前脚的脚印里。狼就这样四肢交叉地往前行进，真如经过精准的计算一般。这样一来，狼在雪地上留下的脚印就如同用尺子画出来的一条直线，【比喻：把狼在雪地上留下的脚印比作“尺子画出来的一条直线”，形象地描绘出了狼走路的特点，语言生动，易于理解。】人们看到它的脚印时脑海里可能会闪现出狼顺着一根绳子或走或跑的景象，心里就会不自觉地感到好笑。

但看到这样一行脚印，在笑过之后你会立刻

做出判断："一只狼从这里经过，而且身体强壮，肌肉结实。"

如果你这样想，那你可就真被这群狡猾至极的狼给蒙蔽了。你俯下身，仔细观察，绝不能放过一点蛛丝马迹，这时就会真相大白：曾经有五只狼组成的小分队从这里浩浩荡荡地经过。走在队伍前头的是一只母狼，它透着无比的机敏和狡猾，而一只步伐矫健的老公狼则紧跟在它的身后，**【形容词："矫健"一词贴切地形容出了这只公狼的体形，体现出它的凶猛和强壮，用词简洁生动。】**走在最后面的是三只小狼，可爱而凶狠。

当狼群体出猎，或者狼父母带着孩子出去散步或觅食的时候，这样一支队伍行动起来会井然有序。它们前行的过程中，后面的狼总能踩着前面的狼留下的脚印前进，而且会丝毫不差，脚印重叠起来，吻合的程度简直让人觉得不可思议。如果对人们说这是五只狼留下的脚印，人们甚至会拒绝相信。你如果想成为一个出色的猎人，那么首先要在银砌兽径（猎人们把雪上的兽迹叫作银砌兽径）上锻炼出火眼金睛，以能很好地辨识足迹背后的真相。

树木过冬的本领

白雪皑皑、北风呼啸的寒冷冬季，那些伫立在大地上的树木会被冻僵甚至死亡吗？答案是显而易见的，树木也是有生命的，因此过度的寒冷也会要了它们的命。

想象一下，假设一个人从里到外都被冻成了冰，那么他的性命肯定就不保了。树木也是如此，在这种情况下也会被冻死。在冬季特别寒冷的苏联就经常发生树木被冻死的现象。冰刀霜剑逞凶的冬天，如果上天赐给大地的雪被子不够厚实，那么地面上的树木就会面临被冻死的危险。那些还没有成材的小树会因抵御不了严寒而被冻死。不过这些树木也不会坐以待毙，**【成语："坐以待毙"前加一个否定词，形象地写出了树木在极端的困境中，想办法找出路的一种积极的精神状态。】**它们会用自己的御寒良策，把刺骨的冰冻和呼啸的寒风挡在体外，让它们入侵的险恶目的不能得逞。如果树木没有自己的过冬良方，那么冬天里树木早就全都被冻死了。

树木要从地下把所需要的营养成分和水分汲取上来，然后运输到身体的枝枝叶叶上；树木还要努力地伸枝展叶，不断地壮大自己，让自己成为枝繁叶茂的参天大树；长大的树木还要为生命的延续而传宗接代。这一系列的过程都要消耗大量的热能，有时可能还会让树木筋疲力尽呢！因此在水分和热能充足的夏季，树木都会竭尽全力地抽枝发芽，往上伸展躯体，尽可能多地吸收养分，进入冬天，身体停止活动后，它们就能昏昏沉沉地睡上一觉，积蓄能量。【**拟人：把树木在冬季里停止生长比拟成“人进入睡眠”，形象地写出了树木冬眠的状态，语言生动、有趣。**】这样，树木在冬天整个的休眠期里就不需要再费力吸收营养、生长发育，也不会为繁育后代而消耗能量了。

冬天里的树木为什么要抛弃那些曾经翠绿的、给自己带来美丽的树叶呢？原因很简单，就是因为这些树叶会散发大量的热能。树木没有了热能，在寒冷的冬季就会有生命危机，所以它们也是不得已才做出这样忍痛割爱的事。树木在严寒来临之前，忍住内心的疼痛和不舍脱去满身的华裳，【**拟人：把树木当作人，把它的叶子说成是它“满身的华裳”，说法贴切、生动，富有想象力。**】这也是为了顾全大局，以减少热量的消耗。毕竟热能对树木的生长不可或缺。再者，树叶的牺牲不只是为了减少热量的散失，它们从高高的树枝上落到地面，并不舍得远走他乡，而是轻轻地覆盖在树根处，亲密地依偎着母体。天长日久，当它们霉变腐烂后，就散发出自己生命里最后一点热量来回报大树，温暖树根，防止寒冬来袭，冻坏树根。

大树抵御严寒的方法还不止这些呢！大树对付寒冷天气的“工具”还有它们那身上天赐予的抗寒甲胄。有了这样的装备，冬季里，面对一般的寒冷，大树基本上就可以高枕无忧了。当然这身盔甲也是树木一点点积累起来的。在每一个炎热和湿润的夏天里，树木都有计划地积累一些木栓组织，把它们秘密储存在树干和树枝的皮下。这种组织是一种没有生命的夹层，夹层中停滞的空气也成为一种保护层，可以阻止树木里的热量向外散失。树木的年龄越大，木栓层就越厚。因此，那些年老且粗壮的树木的抗严寒能力就比那些细胳膊细腿的小树强多了。【对比：把老树和小树进行对比，突出那些年老和粗壮的树木具有小树所没有的强大的抵抗严寒的能力，对比鲜明，特点突出。】

当然，为了应对各种程度的寒冷，树木光有木栓层做的甲胄还不能确保万无一失。树木的内部还有更厉害的化学防线，冰刀霜剑即使把这层盔甲穿透了，也会遇到化学防线的阻击。这道化学防线的形成复杂得很。冬天即将来临的时候，树的汁液里就会开始慢慢蓄积各种盐类物质和淀粉，而淀粉在一定条件下是可以转化成糖类的，盐类物质和糖的溶液一碰面就会发生一种很神奇的化学反应，从而产生一种很强大的抵御寒冷的力量。

寒冷的冬季里，大地上洁白柔软的雪花被是上天赐予大树的最好的御寒武器。在大雪纷飞的冬天，堆积在大地上的那厚厚的白雪就像是毛茸茸的给人带来温暖和惬意的鸭绒被似的，【比喻：把厚厚的积雪比作"鸭绒被"，比喻形象、具体，生动地描绘出了厚厚的积雪铺在大地上的真实样子，也强调了白雪对大地的保暖作用。】整个森林都被舒适地包裹在雪里面，有了这样舒适温暖的保护层，树木就再也不必在寒风中冻得瑟瑟发抖了。这样，当再看到园丁们把那些细小娇弱的果树枝条压弯到地上的时候，我们就不会感到不解。原来园丁们这样做正是为了爱护它们，好让它们以更低的身姿接近地面，便于被雪被子包裹起来，从而获得更多的温暖哪！

任凭冬天的严寒怎样肆虐，给北方大地带来怡人绿色和盎然生机的森林也会充满活力，屹立不倒！

让暴风雪来得更猛烈些吧，我们的"森林王子"会运用一切方法抵御严寒的侵袭，捍卫生命的尊严！

白雪掩盖着的美丽牧场

一望无际的大地上银光闪闪、白雪皑皑，厚厚的积雪在地面上延伸，犹如给大地覆盖上一条宽大厚实的洁白地毯，【比喻：把厚厚的积雪比作"洁白地毯"，比喻形象贴切，生动地刻画出了白雪覆盖大地的美丽景象。】非常壮

观。可是，一想到在漫长又冰冷刺骨的冬季里，整个大地陷入沉寂，五颜六色、芬芳四溢的花凋谢了；翠绿可爱、生机盎然的小草也枯萎了；地面上没有了红花绿草的点缀，显得光秃秃的，只有那些灰头土脸、【**成语：“灰头土脸”这一成语形象具体地描绘出了寒冷冬季里那些树木毫无生机的样子，用词生动、传神。**】冰冷可怜的树干还无奈地伫立在那里，除此之外一无所有，你的心情还能如往常一样舒畅愉悦吗？

面对这种情景，人们总是会想办法自我安慰：“别再庸人自扰了，还是顺其自然吧！大自然不是一向这么四季轮回吗？往好处想想吧，告诉自己，冬天来了，美丽的春天还会远吗？”

可事实上，上面这些担忧只能证明我们对大自然知之甚少，我们总是太自以为是了。

今天，外面虽然空气清冷，寒冷如常，但是天气晴朗，阳光明媚，天空中没有一丝云彩。看到这么难得的好天气，我兴奋地踏上滑雪板，一溜烟地滑到了我的一个小小的试验场，准备在这里大干一场，把这里的积雪全部清理干净。

干劲十足的我很快就把雪清除干净了。灿烂的阳光照得身上暖洋洋的，整个牧场上的花呀，草哇，全都沐浴在这温暖的阳光里。太阳慈爱地把光线洒到每一个角落，它亲吻着那一丛丛把可爱的小脸紧贴在地面上的鲜嫩的小叶子，抚摸着那些从枯草丛中探出来的调皮的翠绿尖叶，拨弄着在厚厚的积雪下顽强挣扎着的绿色小草。【**拟人：用“调皮”“顽强挣扎”来写小草，赋予其人的生命力，生动形象地写出了小草在太阳的照耀下长出嫩芽、舒展绿叶的可爱样子，语言活泼、俏皮，具有感染力。**】

在这一大片鲜嫩的绿色中，我眼前一亮，竟然发现了一个熟悉的身影——一棵毛茛（gèn）。在冬天快来临的日子里，毛茛似乎总是要珍惜每一寸光阴似的，不错过任何一次展示自己的机会，一直努力地开着花。啊，你快看哪，它现在还在温暖的雪花被下顽强地鼓出花朵和花蕾呢！它这是在积蓄力量，准备以最美丽的面容迎接春天的到来呢！在这寒冷冬天，它的花瓣竟然被保护得这么完美，简直太不可思议了。【成语："不可思议"写出了毛茛竟然能在寒冷的冬季里鼓出花朵和花蕾的奇特，突出了毛茛生命力的顽强。】

你们能想象得出来吗？在这片小小的试验场上，我竟然种植了62种不同的植物。更让人感到震撼的是，如今其中还有36种保持着盎然绿意呢，甚至还有5种正开放着美丽鲜艳的花朵呢！

了解了这些，如今的你还会忧伤地说冬天的牧场是光秃秃的，并且晦暗而缺乏生机吗？

尼·巴甫洛娃

我的好词好句积累卡

滴溜溜　沉寂　芬芳四溢　庸人自扰　不可思议

这里曾有一只松鼠从高高的树上一跃而下，接着调皮的它又在雪地上愉快地玩了一会儿，累了就又跳上树，回家休息了。

它这是在积蓄力量，准备以最美丽的面容迎接春天的到来呢！

森林中的大事

我们的森林通讯员发现了森林中的几件大事，这都是他们根据白雪覆盖着的野兽径上的痕迹得出来的一些结论。

不求甚解的小狐狸

在一片非常空旷的林间空地上，出来觅食的小狐狸发现地上有一行老鼠留下的小脚印。

“太好了，哈哈！”它内心暗自高兴，“这回我可要逮你们个正着了，我能美美地大吃一顿啦！”【**心理描写：充满兴奋的内心独白体现了小狐狸发现猎物后那种由衷的高兴，语言活泼，刻画出了小狐狸的可爱和单纯。**】

但是，小狐狸太粗心了，可能是出于急切想美餐一顿的心理，它并没有用它那本来很灵敏的鼻子去仔细地“阅读”地上的字到底是什么意思，也没有仔细考虑那些脚印到底是谁留下的，它只是略微看了一下，就非常武断地得出了答案：啊，原来脚印一直延伸到灌木丛啊！

于是它按捺不住内心的狂喜，开始轻轻地向那片灌木丛挪动身子。

那边的雪地里果然有个小东西在蠕动，它身披一件灰不溜丢的毛皮大衣，

小狐狸朝雪地里的一只鼩鼱扑过去，它还以为那是一只小老鼠呢

小尾巴还一晃一晃的，丝毫没发现危险的降临。小狐狸欣喜若狂地猛扑上去，【成语：富有情态的成语表现出小狐狸准备捕猎时高兴到了极点的样子，用词生动、传神。】把这个小家伙紧紧按在身下，张开嘴猛地咬了一口，嘎吱一声响之后，传来小狐狸痛苦的声音："啊，呸！呸！呸！臭死了，臭死了！这是什么鬼东西呀！"这一口咬下去，小狐狸就感觉出里面的问题了，于是，它赶紧把嘴里的小动物吐了出来，还急忙在雪地上吞了几口雪来漱漱口，试图用雪水来除掉嘴里那让人恶心的气味。【动作描写：生动地刻画出小狐狸明白了情况后急切想摆脱这种境地的心理，描写形象，小狐狸可爱、滑稽的样子跃然纸上。】

这样一来，小狐狸的早饭问题不但没解决，那让它作呕的气味还弄得它毫无胃口了。一大早它只是白费力气地咬死了一只小动物。

这只小动物到底是什么呢，竟然让小狐狸这般恶心？噢，那原来不是什么老鼠，而是一只鼩鼱（qú jīng）啊。

这种小动物从远处看的话，的确和老鼠像极了，可是只要走近一看，就能清楚地辨认出来。因为鼩鼱的脸和老鼠的脸相比要长得多，而且鼩鼱总是弓着脊背，以吃虫子为生，这一点和田鼠、刺猬差不多。由于鼩鼱身上有一种和麝香差不多的气味，如果动物吃到嘴里的话，可是臭得很呢！稍微有点经验的野兽是不会去招惹鼩鼱而自讨苦吃的。

神秘的脚印

有一天，我们敬业的森林通讯员在一棵树下发现了一串神秘的脚印。这些脚印和普通小动物的脚印完全不同，它们呈狭长形，看起来让人心生恐惧，甚至浑身战栗。这些脚印虽然不是很大，也就和狐狸的脚印差不多，但是它们又直又长，好像一排铁钉子整齐地钉在地上，这种动物的爪子前端是多么锐利啊！想象一下，这样锋利的爪子要是抓上谁的小肚皮，那还不得把它的肚肠都抓出来呀！

顺着脚印往前，森林通讯员小心翼翼地来到了一个非常大的洞口前，他们发现洞口处的雪地上有好多动物身上掉落的细毛。经过仔细察看，他们发现这种毛笔直坚挺，而且富有弹力，以白色为主，稍微带点黑尖，就是这种毛，经常被人们用来做毛笔。

森林通讯员立刻明白了，原来这洞里的主人是獾哪！它可是个狡猾无比的家伙，但也并不像想象中的那么可怕，那么让人畏惧。可能是由于变暖的天气把它给诱惑出来了，它也只是趁着积雪融化了，出来散散步、透透气吧！

白雪下的鸟

在前面的一片沼泽地上，一只小兔子正欢快地蹦来跳去。它一会儿从这个草墩跳到那个草墩，一会儿又从那个草墩再跳到另一个草墩，突然，“扑通”一声，【**拟声词：**“扑通”一词准确真实地模拟出了小兔子突然落入雪窟窿里的声音，也写出了情况发生的突然性。】它没注意，一下子跳到了雪窟窿里，厚厚的积雪把它的长耳朵都给淹没了。

正在小兔子往外挣扎的时候，它忽然感觉自己的脚蹬到了一个胡乱扑腾的东西。它正在犹豫的时候，它下面的雪堆里一下子扑棱棱地飞出好多小鸟。这些小鸟都纷纷朝它扑扇着翅膀，噼里啪啦的声音把这只小兔子吓坏了，它撒开腿，用风一般的速度拼命往树林中跑去，一眨眼的工夫就消失得无影无踪了。【**夸张：**用夸张的修辞手法生动地刻画出了小兔子受到惊吓后没命地逃跑的样子，描写出小兔子惊慌的程度之强烈。】小兔子奔跑的时候，两条长长的后腿会向前伸出，结果后腿脚印在前，前腿脚印在后。

其实，这是一群雷鸟。在寒冷的大雪纷飞的冬天，它们就把家安在沼泽地

一只小兔子在草墩里蹦来跳去

的积雪底下。白天的时候，它们会钻出雪堆，跑到沼泽地上悠闲地散散步，或者挖一些埋在雪里的蔓越莓吃。等吃饱喝足，舒活完筋骨后，它们就又钻到厚厚的雪被子下小憩去了。

雪被底下又暖和又安全，可以称得上是绝佳的隐蔽场所，躲在那里是不会被轻易发现的。

爆炸的雪

眼前的这片雪地上遍布着的脚印凌乱不堪，【**成语：**“凌乱不堪”写出了雪地上脚印凌乱的程度，暗示这里曾发生过复杂的状况，给人以神秘感和困惑感。】给人们一个暗示：一件意想不到的事情曾经在这里发生。但是这里到底发生过什么呢？我们敬爱的森林通讯员无论如何也猜不出来。

雪面上起先是一行看起来小巧而狭窄的兽蹄印，而且从脚印上可以看出这只小兽走得很平静。因此我们能做出这样的判断：一只悠闲的母鹿正在树林里散步，可是危险正一步步向它逼近，但这只母鹿一点也没察觉到。

接着在这些蹄印的旁边出现了很多比较大的脚爪印，此时，母鹿的脚印开始凌乱而模糊，有的甚至像是上蹿下跳时才会留下的那种脚印。【**成语：**“上蹿下跳”这个成语极富动感地刻画出了母鹿遇到危急情况时所表现出的急于逃跑的样子，用词生动、传神。】

这种情况很容易理解：可能是一只凶恶的狼偶然碰到了这只母鹿，于是偷偷靠近目标，并发动了突然袭击。它猛然间扑向了母鹿，然而母鹿的动作也相当敏捷，它飞快地转身，准备逃离眼前的危险境地。

再顺着脚印看下去，森林通讯员发现这两种脚印离得越来越近。看来，狼马上就要追上母鹿了。

接着往前看，森林通讯员发现这两种脚印已经乱七八糟地混在一起了，这些混在一起的脚印就在一棵歪倒的大树旁边。但可以看出，母鹿凭借矫健的身手，在最危急的时刻轻轻地一跳，纵身跃过了树干，暂时脱身，可是狼也紧接着跳了过去，继续追赶目标。然而有一个很深的大坑，就在树干的那一端，大

坑里的积雪很厚，那厚厚的雪上就像有炸弹在那里爆炸了一般，雪被炸得混乱不堪，周围到处都是飞溅的雪花。

可神奇的是，就在这个雪坑处，地上的脚印显示，不知为什么母鹿和狼竟然在此处各奔东西了。不过，其中好像不知从哪里开始又多了别的脚印。这种脚印很大，看起来就像是人恶作剧踩出的脚印：用光着的脚套上一种可怕的，还带着弯弯曲曲的大爪子的脚套踩出来的。

这到底是什么东西呢？竟然埋在雪地里像炸弹一样会爆炸？那些很大又很恐怖的脚印到底是谁留下的？狼和母鹿的追逐赛为什么会在那里结束了呢？这一切到底是怎么回事？

我们的森林通讯员绞尽脑汁，一遍又一遍地思考着这里曾发生的怪事。

终于，在苦思冥想之后，他们明白了真相，弄清了那些可怕的大脚印到底是谁留下的。他们想通了之后，发生的全部事情就非常简单明了，也顺理成章了。

以速度著称的母鹿凭借矫健而敏捷的四肢，很轻松地就跳过了横在地上的树干，箭一般地向前奔去。【**夸张：“箭一般”夸张地表现出了母鹿奔跑的速度和敏捷的身手，语言生动，富有动感和表现力。**】此时，狼步步紧逼，也快速地跳过了树干，可和鹿比起来，狼的身子比较沉重，显然不如鹿跳得远，于是它的身体坠到了半途中，随着“扑通”一声响，它从树干上滑了下来，恰巧跌进了堆着厚厚的积雪的深坑里。然而更巧的是，树干底下有个大洞，那是狗熊的家，狼的四肢却又恰巧插进了熊洞里。

当时，这只大狗熊正十分香甜地睡着觉呢，突然被从天而降的庞然大物吓得跳出了大坑。这样一来，掩盖在大坑上的冰啊，雪呀，树枝呀，一时间往四周纷纷乱射，那情形简直和炸弹爆炸了差不多。这样的场景把狗熊吓得肝胆俱裂，它发疯般地冲向树林，以不可思议的速度逃窜了（它心里一定想，是猎人来捕捉它了）。

而此时的狼更是因为突然的跌落而被摔得昏头昏脑，结果又看见一个又大又胖的家伙蹿了出来，顿时被吓得魂飞魄散，【**成语：**“魂飞魄散”指吓得连魂魄都离开人体飞散了，这里表现了狼惊恐万分、极端害怕的心理。】也发疯般地逃命，哪里还有心思追母鹿呢。

此时的母鹿早已趁着混乱逃得无影无踪了！

热闹温暖的雪海下

寒风来袭，零星的雪花飘飘洒洒，在这样清冷的初冬，田野里和森林中的小动物们的日子一天比一天难熬。田野里荒芜一片，什么也没有；森林中的树木也变得光秃秃的，没有一点生机；冻土层在寒气的紧逼下逐渐变厚，甚至连幽深的地洞里也阴冷起来。鼹（yǎn）鼠平时那如铁锹般用来刨土的小爪子，【**比喻：**把鼹鼠的小爪子比作“铁锹”，生动地刻画出了其爪子的锋利以及利于刨土的特点，特征鲜明，比喻贴切。】此时似乎也失去了往日的锋利，对那坚硬无比的冻土层毫无办法了，它觉得老天故意和它作对，自己倒霉极了。在这样的季节里，田野里那些田鼠、伶鼬、白鼬什么的，又该如何度过这样一个漫长而寒冷的冬天呢？

这些小动物就这样在寒冷中坚持着，忍耐着，煎熬着，终于等来了期盼已久的大雪。那纷纷扬扬、漫天飞舞的大雪就这样一天接着一天地下呀，下呀，好像永不止息似的。地面上很快就被皑皑白雪覆盖得严严实实，而且渐渐堆积得像小山似的。站在这厚厚的可以没过人的膝盖的雪里放眼望去，眼前是一片

无边无际的洁白的雪海，要想挪动脚步，艰难的程度简直是无法想象的。面对这样壮观的景象，各种小动物似乎一下子兴奋起来了。【**形容词：**“兴奋”一词体现出小动物们在大雪过后所表现出来的快乐和热闹，也反映出大雪对它们顺利过冬的重要性。】榛鸡、黑琴鸡，甚至松鸡，都是把整个身子一下子扎到雪堆里；田鼠、鼩鼱等不冬眠的穴居小动物也都被雪吸引，一个个从自己那深藏地下的洞穴里露出头来，激动地在雪海上蹿来蹿去；肉食动物伶鼬，像小海豹似的，不停地在这广袤无垠的雪的海洋里钻，好像精力无限，永不知倦。【**比喻、拟人：**综合运用比喻、拟人修辞把各种动物在雪堆里的表现真实地刻画了出来，表现出当时的热闹场景。】它不时地跳到雪海外面，观察一下周围的情况，看看有没有从地下露出头的榛鸡什么的。一旦发现猎物，它会以极快的速度一头扎进雪海里，再无声无息地潜行到那些鸟跟前来个突然袭击，捕获美食。

地面上的雪堆得很厚很厚，呼啸刺骨的寒风吹不到厚厚的雪层底下，这层雪就像又厚又暖的被子一样覆盖着大地。因此雪海底下比雪海上面温暖多了，这雪海底下似乎是另一个世界，这里丝毫感觉不到严冬的逼人寒气。这层雪被子很好地发挥了阻挡冷风和寒气的作用，真是功劳不小哇！很多聪明的小动物，比如穴居的老鼠，它们就会直接在雪下面建筑自己越冬的巢穴，那里好像就是用来过冬的避寒别墅。

雪底下还有更新鲜有趣的故事正在上演呢！一棵覆盖着积雪的灌木枝上，有一个用各种细草和毛编织的巢穴，那是一对短尾巴田鼠的家，而此时，这个小小的爱巢里竟然还在往外散发着微微的热气呢！

在这个温暖的爱意浓浓的小巢穴里，几只眼睛还没睁开的小不点正在微微蠕动着，它们刚出生几天，身上还没长毛，还是一个个小小的光屁股田鼠呢！而此时外面的天气正冷得滴水成冰，【**夸张**：“滴水成冰”把天气寒冷的程度夸张地表现了出来，富有表现力。】气温甚至都达到零下20摄氏度哩！

阳光下的森林

一天中午，阳光特别灿烂，空气中还带着些许寒冷，树林里静悄悄的，地面上仍然雪白一片。胖胖的大狗熊此时正在家里美美地睡着，也许还做着美梦呢！在大狗熊头顶的上方，厚厚的积雪把那里的乔木和灌木压得一颤一颤地弯着身子。从那些乔木和灌木的枝叶缝隙里，可以看到许多住宅，它们掩映在树枝之间，若隐若现。这些房子有的是拱形的圆顶，有的是奇怪的尖顶，它们都拥有空中走廊、台阶、窗户，几乎样样俱全。眼前的一切都在阳光的照耀下散发着夺目的光芒，那上面的小雪粒聚集在一起，简直就像一颗颗晶莹剔透的小钻石一样璀璨。【**比喻**：把小雪粒比作“钻石”，描写出小雪粒在阳光下璀璨耀眼的样子，语言生动，比喻贴切，充满美感。】

一只拥有锥子一样尖嘴巴的小鸟翘着尾巴，看起来小巧玲珑。它似乎是瞬间从地底下冒出来的，扇动着灵巧的翅膀，一下子蹿到云杉树梢上，还唱着歌，歌声回响在整个树林上空。【**动作描写**：把小鸟的各种动作进行了细致描绘，写出了小鸟在阳光灿烂、天气稍暖的日子里所表现出的快乐和活泼，动作描写细腻、生动、传神，富有情趣。】

这时，冬眠的狗熊突然从白雪拱门下地窖的小窗口那里探出了脑袋，它的小眼睛半睁半闭，迷迷糊糊的……【**神态描写**：生动形象的语言把从冬眠中醒来的狗熊那种不够清醒的憨傻神态、憨态可掬的形象展现在读者面前，语言细腻传神。】难道这预示着春天要提前来报到了吗？

一只尖嘴巴的小鸟扇动着翅膀蹿到云杉树梢上

这双眼睛说明这只狗熊很会享受生活。除了老天爷，谁也无法得知下一秒钟森林里会发生什么事情！狗熊从不愿错过森林里的大事，即使是在冬眠的时候，它也会在自己的洞壁上留一扇小窗户。往外看去，外面什么意外也没发生，那些如钻石一般的小房子里，和平常一样安静……于是，它缩回脑袋，不再往窗外看了。

树枝上覆盖着一层层冰雪，小鸟在上面蹦蹦跳跳了一阵子，接着又钻到覆盖着厚厚的白雪的树根里去了：因为那里有一个温暖舒适的巢穴，是它亲自用柔软的苔藓和绒毛做成的，是用来过冬的！

写一写，练一练

1. 写出下列词语的反义词。

阴冷——（　　）　　迷迷糊糊——（　　）

2. 给下列加点字注音。

别墅（　）　　瞬（　）间

乡村日历

在寒风凛冽的冬季里，到处是皑皑白雪，花草树木都在昏昏沉睡中，很多动物也开始冬眠，懒洋洋地进入了沉沉梦乡。夏季树林里那种到处欢歌笑语的热闹没有了，现在周围静悄悄的，连树干里的血液也停滞不动了。【**动词：**“停滞”一词真实地写出了冬季树木进入休眠状态，不再生长发育的具体情形。】

现在的树林里也不是一点声音没有，反而到处传出“咯吱”“咯吱”的拉锯子的声音。【**拟声词：**“咯吱”真实形象地描摹出了拉锯子的声音，表现出树林里人们忙着采伐树木的情形。】冬季里，树木干燥而且结实，这时的木材都是上好的，因而整个冬天人们都在忙着采伐树木。为了比较方便运输那些锯下来的巨大圆木，人们总是往积雪上泼水，这就如同浇溜冰场似的，能修出几条很宽阔的冰形成的大马路。把锯下的木材放在这样的马路上一路滚，一直

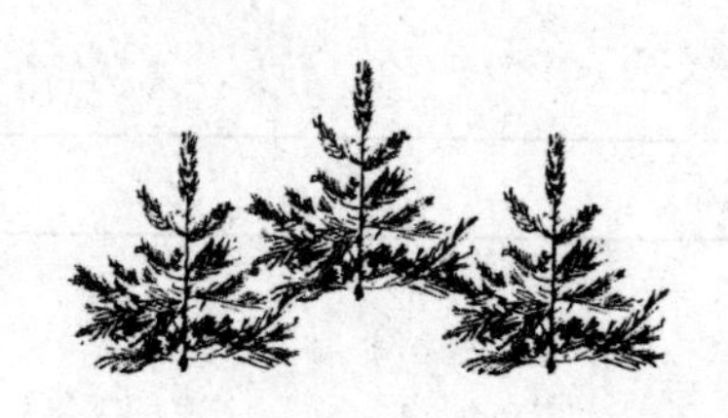

滚到大大小小的河流旁边。等春天来临时，木材就能在冰雪融化的时候，随着融化了的河水一路漂到河流下游的村庄去了。

集体农庄的庄员们即使在冬季里也闲不住，他们要为春耕做好准备，要选种，要查看庄稼苗的长势。

打谷场附近经常有成群的灰山鹑定居在那里，它们常常大群地飞到村子里来觅食。它们打算在厚厚的积雪下寻找吃的，可是扒开积雪，积雪下面却还有一层特别厚的冰。它们的脚爪太纤弱了，【**形容词：“纤弱”写出了灰山鹑的脚爪相对于又硬又厚的冰层来说显得太小，太没有力量了，用词贴切，表达形象。**】要扒开冰层几乎是不可能的事。在这样的冬季里，山鹑是非常容易捕捉的，但是冬季捕捉毫无反抗之力的山鹑是犯法的，法律可不允许人们做这样的事。

有些特别好心的猎人不仅不会猎捕它们，反而还会主动给这些鸟提供食物。他们在田野里设立了山鹑的食堂。这些食堂可是猎人们用柔软的云杉树枝精心搭建起来的，一个个都建成小棚子的形状，小棚子底下有猎人撒下的燕麦和大麦。这样一来，美丽的山鹑就算遭遇最严寒的冬季，也不会因缺乏食物而饿死。

一到来年夏天，每一对山鹑夫妇都能孵出一群小山鹑宝宝，至少有20只呢！

写一写，练一练

1. 给下列加点字注音。

凛（　　）冽　　　　停滞（　　）

2. 造句。

欢歌笑语——______________________________

纤弱——________________________________

农庄里的新闻

冬日耕雪

昨天，我拜访了我的一位老同学米沙，他是一位拖拉机手，居住在闪光集体农庄。

我到达后，米沙的妻子给我开门，她是一个非常幽默可爱的女人。

她看见是我，热情地说：“真是对不起你呢，米沙不在家，去耕地了！”【语言描写：朴实的语言表现出米沙妻子的热情和诚恳，语言简练，充满真诚的情感。】

我心想：她可能又跟我开玩笑了，竟然说米沙在大冬天里耕地去了，这个玩笑真是太幼稚了，连幼儿园的小朋友也骗不了，冬天怎么可能是耕地的时候呢！

于是我装作很认真地打趣道：【动词：“打趣”一词写出了“我”对米沙妻子的话表示怀疑的心理，表现出“我”对她的揶揄。】“是吗，是去耕雪了吧？”

“当然，当然是耕雪啰！不耕雪，难道地里还有别的不成？”米沙的妻子认真地回应着我的话。

米沙的妻子给“我”开门，站在门口和“我”说话

不管我听了之后觉得多么不可思议，我还是去了田里找米沙。然而事实是，米沙还真的就在那里开着拖拉机耕地呢！只见拖拉机后面拖着一个长木头箱子，木箱把积雪渐渐堆到了一起，形成了一道很坚固的雪墙。

“米沙，你弄这个干什么？”我疑惑地问。

“这道雪墙可以用来阻挡大风。”米沙回答，“要是不用雪墙挡住狂风，风就会在田地里横行无阻，会把积雪全给吹跑。田地里秋天种植的庄稼要是没有厚厚的积雪覆盖，那就会全部被冻死的。因此我得想办法把雪留在地里，这不，一大早我就来用这耕雪机耕雪了！”

玛莎安排的作息时间

在冬天，集体农庄的牲畜也按规律生活。它们必须按照安排好的冬季作息表来睡觉、吃饭、散步。这些事，是4岁的女庄员玛莎告诉我的，她说：

“我和我的好朋友们现在都已经上幼儿园了，是不是小马和小牛也该去上幼儿园了？我们散步的时候它们也要出去散步才行。我们要是回家，它们也得回家。”【**语言描写：**通过对小玛莎语言的描写，写出了小玛莎可爱、单纯和充满爱心的性格特征，语言活泼有趣。】

莽莽玉带

在铁路沿线，一排排挺拔的云杉矗立着，【**动词：**“矗立”一词把云杉树挺拔的具体特征表现了出来，也给人一种伟岸、高大的感觉，用词准确，富有表现力。】一直顺着铁路延伸数千米之远。这些葱茏的树木，如一条蜿蜒绵长的玉带，风雨无阻地保护着铁路，【**比喻：**把铁路两旁的树木比作“玉带”，形象具体地刻画出了这些树木的翠绿和数量的繁多，语言生动，充满美感和想象力。】不畏严寒地阻挡风雪的袭击，不让铁轨被掩埋。每当春天到来，铁路工人都要沿着铁路栽种数千棵小树苗，继续延伸这条玉带。单单今年，他们就栽种了10万多棵云杉、洋槐和白杨，还有大约3000棵果树呢！

尼·巴甫洛娃

我的读后感

读了来自集体农庄的这些新闻后，我觉得自己也可以为小动物们做点什么；或者去栽种一些小树也好，可以给大地增添一些绿色；也可以为小鸟们做窝，提供隐蔽的场所。

城市新闻

雪地上的小爬虫

严寒的冬季，在一些阳光明媚的日子，温度表上的水银柱就会悄悄地爬到0摄氏度。每当到了这样温暖的日子，就会有许多没有翅膀的小苍蝇慢慢从雪被下钻出来，出现在林荫道上、花园里、公园里……

整整一个白天，它们似乎什么也不干，只是这样在雪面上爬来爬去，爬去爬来……然而傍晚时分太阳一落山，它们又会钻到冰雪里躲藏起来。

它们只选择安静、温暖的角落来生活，比如厚厚的落叶下，或者毛茸茸的苔藓下面。

这些小虫子在雪地上四处乱爬。由于它们实在是太弱小了，体重几乎可以忽略不计，【动词："忽略不计"一词贴切地形容出这些小虫子的渺小，体重几乎不存在一般，用词准确、简洁。】因此它们不会在雪地上留下任何痕迹。你如果想要看清它们那伸长的嘴巴、头上那长相奇特的犄角以及那细如丝线的腿，就只能借助精密的放大镜了。

远方来信

《森林报》编辑部收到的国外发来的一些信息，是报道从我们这里飞去的候鸟的生活状况的。

歌鸲（qú）在我们这里是出了名的歌手，它们选择在非洲中部度过漫长冬季；此时百灵鸟正在埃及度假呢；椋（liáng）鸟则一批批出发，前往法国南部、意大利和英国，到那里旅行去了。

它们在那里只忙着解决吃住这样的生计问题，因此几乎不唱歌了；它们不建筑巢穴，也不孵雏鸟。它们在那里只是为了等待春天悄悄来临，只有当春姑娘降临人间的时候，它们才会飞回阔别已久的、让它们日思夜想的故乡。毕竟俗话说得很实在："在家千日好，出门时时难！"**【引用：引用俗语，把鸟出门在外的生活境遇之难体现了出来，语言通俗，意蕴深刻。】**

"天堂"里的鸟

埃及的冬天可真是热闹非凡，因为冬天的埃及真可称得上是鸟的天堂。在那里，尼罗河雄伟壮阔的身姿那么迷人，而且尼罗河支流无数，纵横交错。河滩上堆积着厚厚的淤泥，河两岸遍布着肥沃的牧场和良田。这里的湖泊和沼泽星罗棋布，**【成语："星罗棋布"一词写出了埃及尼罗河两岸的湖泊、沼泽像天空中的星星和棋盘上的棋子那样，数量很多、分布很广，用词生动形象。】**种类很多，有咸水的，也有淡水的；地中海海岸线蜿蜒曲折，形成了许多天然的海湾。就在这些地方，丰盛的食物到处可觅，能满足成千上万的鸟的胃口。本来夏天的时候这里的鸟已经多得无法计算了，而一到冬天，我们的候鸟也就加入了这里的鸟大军，同它们一起友好地度过冬天。

那种无比壮观的景象你肯定无法想象，你可能会感觉，只有全世界的鸟类都聚集起来才会有那样的场景。

密密麻麻的水禽，你挤着我，我挤着你，聚集在湖上和尼罗河的支流上，甚至遮蔽了整个宽阔的水面。嘴巴下长着一个大肉袋的鹈鹕，和我们的紫膀鸭与小水鸭一起欢快地捕鱼。美丽的长脚红鹤间夹杂着我们漂亮的鹬那悠闲地踱步的身影；【**动词：“踱步”一词把鹬悠闲的神态生动地表现了出来，用词贴切、形象。**】但这里要是出现了拥有斑斓羽毛的非洲鸟雕或是我们的白尾金雕的身影，它们就会大惊失色，四处逃窜。我们的大批候鸟就是这样悠然自得地生活在冬天的大宅院里的。【**比喻：把埃及鸟类的聚居地比作“冬天的大宅院”，写出了鸟们在这里的悠闲自在的生活，语言生动形象，富有想象力。**】

鸟的又一个乐园

世界上还有一处鸟的乐园，它位于我们辽阔无垠的大地上，它和非洲的埃及相比，也毫不逊色。冬天的时候，我们这里的很多水禽和沼泽里的鸟都会选择在那里度过寒冬。你如果在那里，就会看见成群的长脚红鹤和鹈鹕，简直和在埃及所见到的一样。鸟群里还掺杂着许多其他禽类。我们虽然称之为冬季，可是那里却没有冬天，因为那里没有我们这里肆虐的寒风，没有我们这里的天寒地冻，也没有我们这里的大雪纷飞。那里有的是和风徐徐的海、温暖宜人的湖和淤泥堆积的浅浅的海湾；曲曲折折的海岸两边，到处是随风摇曳的芦苇，蓊郁葱茏的灌木更是随处可见；在那里，宽阔的湖面风平浪静，一望无际的草原翠色欲滴。【**景物描写：**通过细腻的笔触把塔雷斯基禁猎区美丽的风景一览无余地呈现在读者面前，语言生动，描绘细致，充满迷人魅力。】在那里，鸟的丰盛美食一年到头从不缺少。

那些地方都是禁猎区——不允许任何一个猎人猎杀那里的鸟。那些鸟都是千辛万苦用一个夏季的时间才飞到那里休息的候鸟。

上面说的这个诱人的地方就是苏联的塔雷斯基禁猎区，它就位于林柯拉尼亚附近——里海东南岸的阿塞拜疆共和国境内。

非洲南部大事件

非洲南部发生大事了！人们发现一大群飞落下来的白鹳中有一只很特殊，它也是一只白鹳，但它的脚上戴着白色的金属脚环。

人们想办法捉住了那只戴脚环的白鹳。它漂亮的脚环上有非常清晰的字迹："莫斯科。鸟类学研究委员会，A组第195号。"这字迹告诉人们它来自何方。

报刊上很快登载了这个消息，因此我们能很快获知前一阵子我们的森林通讯员捉住的那只白鹳，在寒冷的冬季又住在了哪里。

科学家根据鸟戴的脚环能清晰地探知鸟类生活的很多秘密。这些秘密千奇百怪，比如鸟类会在哪里过冬，长途旅行时鸟类都曾经经过什么地方，等等。

为了达到弄清鸟类的生活秘密这一目的，世界各国都纷纷成立了各种鸟类学研究委员会，它们还分别制作了各种型号不一、大小不同的铝环，铝环上刻有分发环的机关名称、组别（按环的大小分组）和号码。如果有人捉住或是打死了这类戴着脚环的鸟，看清脚环上刻的是什么科学机关后，就应该尽快通知那个机关，或是在报纸上登载声明。

我的好词好句积累卡

毛茸茸　阔别已久　纵横交错　遮蔽　斑斓　大惊失色

在那里，尼罗河雄伟壮阔的身姿那么迷人，而且尼罗河支流无数，纵横交错。

这里的湖泊和沼泽星罗棋布，种类很多，有咸水的，也有淡水的；地中海海岸线蜿蜒曲折，形成了许多天然的海湾。

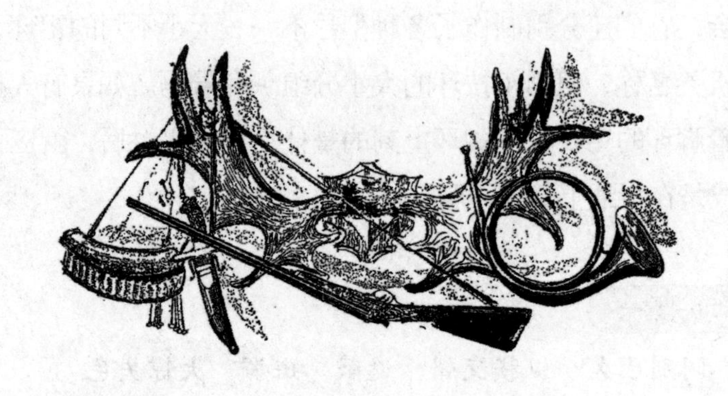

林中狩猎

神秘的猎狼武器

有几只胆大妄为的狼经常在村庄附近出没。【成语："胆大妄为"一词把饥饿的狼毫无顾忌地干坏事的样子刻画了出来，突出了狼的凶残和可怕。】一只小绵羊就遭到了它们的劫持。一只山羊也惨遭它们的毒手。由于这个村庄里没有猎人，因此村民们只好去城里请猎人来解决这个麻烦了。

到了那天晚上，有一群士兵——他们个个都是打猎高手，急匆匆地从城里赶来。和他们一起从城里来的还有两辆载货的雪橇，雪橇上可是运载着猎狼的神秘武器呢！那就是笨重的卷轴，上面还缠绕着绳子，中间部分隆起来，就像个驼峰似的，【比喻：把雪橇上装载着的卷轴的外观比作"驼峰"，比喻贴切，形象真实。】而且绳子上还系着很多红色的小旗子，每隔半米就有一面呢！

银径脚印之谜

这些猎人向当地的村民弄清了整件事情，了解了狼是从什么地方前来偷袭的。接着，他们又去仔细研究了狼留下的脚印。不论这些猎人干什么，那两辆

运载着卷轴的雪橇都一直跟在他们身后。

地上留下的狼脚印犹如一条直线从村庄里延伸出来，经过田埂，继续向前，直到树林深处。猛然看上去，那些脚印简直就像一只狼留下的，但是这种伎俩蒙骗不了经验丰富、善于辨别兽迹的猎人。他们一看就知道，那里曾有一群狼经过。

顺着狼的脚印，猎人们一直追踪到了树林，这时他们才准确判断出一共有5只狼。再经过一番仔细推敲，【☆动词："推敲"一词写出了猎人们对地上脚印的仔细研究和讨论，体现出他们认真的态度以及丰富的经验，用词准确，具有表现力。】猎人们做出判断：走在队伍最前面的是一只身体强壮的母狼。它的脚印较窄，步距也不大，脚印上显示，脚爪留下的槽也是倾斜的。凭这一系列特点，就可以肯定地说这是一只母狼。

仔细观察探讨后，猎人们分为两组，各自登上雪橇，在森林边上绕了一圈。

可是，绕了一圈之后，他们发现地面上没有留下狼群离开的脚印。于是他们断定，狼群就躲藏在这片树林里，要赶快实施抓捕。

围　捕

两队猎人各自乘上雪橇，带着卷轴，缓缓出发了。他们边走边沿途放出卷轴上的绳索，雪橇后跟着的人就细心地把绳子缠绕在灌木枝上、树干上或者树桩上。这些绳子上的旗子就这样悬挂在半空中，和地面的距离大约有0.35米，一串串红色的小旗子在风中尽情飘扬。

这一切都干完后，两队猎人在村庄附近会合了。他们现在已经把整个树林给包围了，用的当然就是系着一面面小旗子的绳索。

猎人们准备回去休息时，命令集体农庄的庄员们在第二天天蒙蒙亮的时候起来集合。下完命令后，他们便各自回去养精蓄锐了。【**成语：贴切的成语把猎人们回去养足精神、蓄积力量的情形体现了出来，说明他们要为此做充分的准备。**】

突 围

当天夜晚，皓月当空，寒风阵阵，森林里阴森森的，恐怖极了。

此时，健硕的母狼第一个醒来，它刚立起身子，公狼仿佛有心灵感应似的，也随之站了起来。紧接着，今年刚出生的3只小狼崽也醒来了，看着它们的父母，也照样站立起来。

眼前是一片密林的暗影，只能看见一个模模糊糊的轮廓。一轮明月就挂在云杉树梢，仿佛朦朦胧胧的落日，伸手可及，洒下清冷的月光，笼罩着整个森林。

狼的肚子里传出“咕噜咕噜”的声音。【**拟声词：“咕噜咕噜”真实描摹出了狼饥饿时肚子发出的声响，反映出狼饥饿的程度，用词贴切。**】

啊，太饿了！肚子在不停地发出抗议之声。

母狼抬起头来，发出凄凉的哀嚎，似乎在向月亮诉说心中饥饿的感觉。公狼也一声接一声地应和着。此时，连小狼也加入进来，发出尖厉的叫声。

本来寂静的村庄，此时一下子喧闹起来。家畜们听见狼嚎，全都吓得惶惶不安。牛不停地发出“哞哞”的

月光下的森林里，5只狼站立着

叫声，羊也发出可怜的“咩咩”之音。

母狼开始行动起来，迈步向前，公狼紧随其后，最后面跟着3只小狼崽。

它们小心翼翼地前行，母狼在前头探路，后面跟着的狼完全踏着前面的狼踩出的脚印，就这样，它们浩浩荡荡、队列整齐地穿过树林，向村庄进发。

突然，为首的母狼停了下来，公狼和后面的小狼崽也紧跟着停下了脚步。

母狼那双敏锐的眼睛透出惶恐不安却又凶狠无比的幽幽之光，它不停地翕动着鼻子，【**动词：“翕动”一词形象地刻画出狼呼吸时鼻子动的真实样子，用词贴切，很有动感和表现力。**】敏锐地捕捉到了一股陌生的酸涩的味道。这股味道正是绳索上那些小旗子散发出来的。它定睛细细瞧着，发现许多黑乎乎的布片在林子边上的灌木丛中飘荡。【**动词：“飘荡”一词描绘出了小旗子在灌木丛中随风摆动的样子，让狼产生疑惑和畏惧，用词准确，情景真实形象。**】

母狼有年龄上的优势，因此比较有经验。但眼前的景象，它也是生平第一次遇到。它虽然不明白这到底是什么，但它却知道这意味着什么。布片飘荡的地方肯定有人，也许此时他们正守候在那里准备着伏击自己呢！

赶紧往回撤吧！另选出路！母狼果断地做出决定。

于是，它掉转头，以极快的速度蹿回了林子。此时，公狼和3只小狼仍寸步不离地紧跟在它的身后。

它们快速地跨着步子，想尽快穿过树林。不一会儿，它们已经到了树林的另一边。可是它们不得不再次停下脚步。

它们眼前出现了同样的情景，同样的布片挑衅般地吐着舌头，【**比拟：把飘荡的布片比拟成吐着的“舌头”，生动形象地描绘出了这些布片给狼造成的恐怖感觉，也暗示出布片对狼心理上产生的震慑作用，语言生动，想象丰富。**】在风中飘扬。

这群狼就这样一次次地穿过树林，又一次次地掉转方向，每次突围都失败。因为不论走到树林的哪一边，都有飘扬在灌木枝条上的布片，它们毫无出路！

母狼大惊失色，而且筋疲力尽，它觉得周围一定潜伏着某种危险，就匆匆逃回林子深处，喘息不定地躺在地上。公狼和小狼崽也毫无办法地躺了下来。

有什么办法呢？它们是逃不出去了，那就只好任凭肚子发出“咕噜咕噜”的抗议声，不情愿地忍饥挨饿。

今晚的天气真是太冷了！外面的人到底想要干什么呀，有谁知道呢？

开始行动

第二天一大早，天刚蒙蒙亮，村子里的两支队伍就开始行动了。

一支队伍是由佩带着猎枪的猎人们组成的，他们人数比较少，都穿上灰色长袍出发了。选择灰色衣服是为了隐藏身形，因为别的颜色在冬季的树林里会因过于显眼而暴露行踪。他们静悄悄地绕着树林走了一圈，并把绳子上的旗子悄悄地解了下来，接着就排成长蛇阵，一个个埋伏在灌木丛的后面。

另外一支队伍人数很多，都是集体农庄的庄员。他们个个手持木棍，首先在田地里等了一会儿，听到指挥员的号令后，他们一个个才大声呼喊着进了林子。他们边走边大声呼喊，还不停地用木棍敲击树干。顿时，整个树林里充满了高高低低的声响。

围　猎

树林里静悄悄的，狼们正在打着盹，为突围而养精蓄锐呢！突然，巨大的声响此起彼伏，从村庄的方向传来。

母狼浑身一哆嗦，【**动词**：“哆嗦”一词生动地体现出狼在听到声响后的第一反应，用词朴实而贴切。】机灵地跳了起来，以闪电般的速度逃往与村庄相反的方向。公狼和小狼崽也不约而同地跳起来，撒腿就跑。

逃窜的时候，它们脖子上的鬓毛根根直立，尾巴硬挺挺地夹在两条后腿之间，两只耳朵也紧张得向后背着，眼睛里燃烧着惊恐和愤恨的火焰，它们没命似的向前冲刺，不顾一切地想逃离险境。【**动作、神态描写**：通过对狼逃

窜时身体上的一系列动作进行描写，传神地刻画出了狼群受到惊吓后惊慌的样子，语言细腻、生动，形象具体。】

它们好不容易到了树林边上，可是那些跳动着的红布片又一下子映入了它们的眼帘，挡住了它们的逃生之路。于是，它们疯了一般掉转头就往回逃窜，带着极度的恐惧和惊慌。

可是，它们逃得越快，就离呐喊声越近。根据木棍敲动树木的声音和此起彼伏的呐喊声，它们知道，正有一大批人向它们包围过来。

狼不得已又按原路往回奔逃。它们的鬃毛竖得直直的，像一根根钢针，【比喻：把狼的鬃毛比作“钢针”，既写出了鬃毛的粗硬，也刻画出了狼在受惊后身体的自然反应，比喻生动，形象具体。】尾巴也夹得更紧了，耳朵几乎要贴向头皮了，眼睛里的火焰跳动不息，疯狂地逃哇，奔哪……

有一次跑到了树林边上，它们欣喜地发现这里竟然没有那些可怕的小红布片！

狼的恐惧和不安一下子消失得无影无踪，毫无戒备地往前冲刺！

这群狼毫不知情地跑向了在那里等候了大半天的猎人们的枪口。

灌木丛中突然有火光闪现，随着一声声枪响，公狼在高高蹿起后，倒了下去，“扑通”一声，重重地跌落在冰冷的地面上。小狼崽则发出凄厉的哀嚎，痛苦地满地打滚。

士兵们的枪法都太准了，小狼崽被一个个结束了生命。可是母狼在谁也没注意的情况下逃跑了，不知所终。

那次围猎行动之后，村庄恢复了平静，牲畜再也没有丢失过。

与狐狸斗智斗勇

经验丰富的猎人总是判断力惊人。就比如说如何捕猎狐狸吧，他只要看看狐狸的脚印，就胸有成竹了。

刚下完冬天里的第一场雪后的一天早晨，塞索伊奇顶着寒风走出家门，地面上只盖了一层薄薄的雪。他看见前面有一串狐狸的脚印清晰地印在雪地上，整整齐齐的。个子不高的塞索伊奇不紧不慢地来到脚印旁边，缓缓蹲下身子，【**动词：**“蹲下”一词真实生动地刻画出了一个经验丰富的猎人在行为动作上所具有的特征，体现出塞索伊奇的小心和仔细。】仔细观察了一会儿。接着，他卸下滑雪板，单膝跪在滑雪板上，把一个手指头弯曲起来，伸进狐狸脚印的低洼处，一会儿横着量，一会儿竖着比，仔细确定着地上的脚印。他又沉思了一会儿，然后重新套上滑雪板，顺着脚印所指的方向一直往前滑行，他边滑边观察脚印，一路上从灌木丛里钻进又钻出，最终来到一个小树林边上，他又不紧不慢地围着小树林转了一圈。

等他终于从树林里出来后，就用最快的速度向村子滑去。他在滑雪板上简直就像是在雪海上飞翔一般，一闪而过。

冬季里，白天总是十分短暂，而这个小个子猎人花在查看脚印上的时间已经足足有两个小时。塞索伊奇已经暗暗下定决心，今天一定要捉住这只狐狸。

现在，他准备去村子里的另外一个猎人谢尔盖的家。谢尔盖的母亲早已从小窗里看清来者，就赶快走了出来，站在了门口，并且慢悠悠地告诉他：

“我儿子一大早就出去了，他也没告诉我去了哪里。”

塞索伊奇知道老太太不想让自己知道她的儿子去了哪里，于是她撒了谎，但塞索伊奇没有生气，只是微微笑了笑，说道：

“你不清楚就算了，不过我可知道他现在在哪里，还是我来告诉你吧，他这会儿正在安德烈家里商谈事情呢！”【**语言描写**：通过对塞索伊奇对老太太回话的描写，刻画出了他对老太太所说谎言的揶揄，也体现了他对这种情形的理解。】

在安德烈的家里，塞索伊奇还真的找到了那两个年轻的猎人。

那两个猎人一看见他进来了，就立马停止了谈话，脸上还显露出十分受惊的神色。他们虽然勉强装出没事的样子，但仍然掩饰不住那种内心的惴惴不安。【**成语**：“惴惴不安”一词贴切地表现出两个年轻猎人看到塞索伊奇后因害怕或担心而不安的生动神态。】见到塞索伊奇来的时候，谢尔盖甚至还一下子从板凳上站了起来，想要用身子遮盖住后面的大卷轴呢！

“好啦，年轻人，别再遮遮掩掩了。”塞索伊奇点明了真相，“昨天晚上，有一只狐狸把星火集体农庄里的一只大肥鹅给叼走了。这些我早就知道了，而且最重要的是，我知道那只狐狸现在藏身何处！”

那两个年轻人听到这些话暗暗吃惊。因为谢尔盖也才仅仅在半个钟头之前知道这件事。这件事是他认识的集体农庄里的一个人在附近遇见他的时候告诉他的。说是昨晚，狐狸叼走了他们村庄里养的一只鹅。【**动词**：“叼走”一词写出了狐狸喜欢用嘴拖走猎物的真实特点，也体现出狐狸的贪婪和狡猾。】一听到这个消息，谢尔盖就立马告诉了他的好朋友安德烈。他们俩正为怎么抓住狐狸一事谈得热火朝天呢！他们想抢在塞索伊奇了解真相之前，先逮住那只

狐狸。可惜，他们还没完全想好办法，塞索伊奇就已经站在他俩面前了，而且还什么都知道了。

沉默了一会儿，安德烈才回过神来，开口说道：

“你还真行啊，这事情到底是哪个多嘴多舌的娘儿们告诉你的？”

塞索伊奇冷笑了一声，不屑地答道：

“多嘴的娘儿们？可惜她们一辈子也不会明白这事的。我的消息可全部来自那只狐狸留下的脚印！现在还是我来告诉你们具体的情况吧。首先，这是一只年龄很大的公狐狸。它踩出的脚印又大又圆，在雪地上印得十分清楚，因此，我判断它的块头应该很大。它走路也不会像小狐狸那样把雪踩得乱七八糟。脚印显示，它是从星火集体农庄里出来的，拖着一只鹅，一直拖到一处灌木丛才把鹅给吃光了，而我已经找到狐狸的所在地了。这只公狐狸狡猾无比，皮厚体胖，它的那张皮值不少钱呢！”

水獭和水貂也有珍贵的皮毛，也许猎人喜欢，但渔夫却不喜欢，因为它们以猎捕鱼类为生。

谢尔盖望着安德烈，两个人彼此交换了一下眼神。

“你就那么自信？单凭这些简单的脚印就可以断定这一切吗？”

“那是自然！如果是那种整天填不饱肚子的瘦狐狸，那它身上的皮毛就会很薄，而且没有什么光泽。但是老狐狸呢，都是狡猾无比的，而且总能想办法吃得饱饱的，把自己养得肥肥的，它的皮毛摸起来可是厚厚的、硬硬的，皮毛上闪耀着漆黑油亮的光泽。这样的皮毛可是值很多钱呢！就拿脚印来说，饱狐狸和饿狐狸二者的脚印也有很大差别。饱狐狸走路的时候，总是迈着像猫一样灵巧的步子，看起来轻松极了。它总是不慌不忙地一步一步地稳健前行，后脚总是踩在前脚留下的脚印上，在地面上留下整整齐齐的一行。你们知道行情吗？那样一张老狐狸皮，在列宁格勒皮毛收购站里，人们都会争着抢着买呢，而且，还得出大价钱才行！”

塞索伊奇把话说完，谢尔盖和安德烈这两个年轻猎人又互相递了个眼色，一起来到墙角，嘀咕了一阵子。【**动词：**“嘀咕”一词形象地写出了两个年

轻猎人在塞索伊奇说完后对他仍不完全信任和放心时说话的情形，既体现出他们当时的神态，也刻画出了他们的心理。】

接着，安德烈走过来对塞索伊奇说：

“行了，你有什么话就直接说出来吧，塞索伊奇，你是不是想找我们一起干呢？我们完全没有异议呀！你看，我们也早得知了这个消息，连捕猎用的小旗子都准备好了呢。本来我们想在你之前干成这事的，看来不行了呀！那么现在我们就在这里说定了，一块干吧！”

“第一次围攻，要是打死了就算你们的。”小个子猎人很大方地说，“但如果它在那个时候逃跑了，那就甭想再来个第二次围攻了，这只老狐狸应该是路经此地的，不是我们本地的。我知道咱们这里的狐狸可没这么大个的。它只要一听见枪响，就会立马跑得不见踪影，一时半会儿要想找到它，那简直是不可能的。小旗子也最好不用带去了——那只老狐狸可不是一般地狡猾呢！它看起来已经被围猎过很多次了，可每次它都给想办法脱身了。”

这两个年轻猎人坚持己见，非要带上小旗子不可。他们认为，带着小旗子围猎起来会更有把握些。

“那好吧！”塞索伊奇点了点头，默认了他们的做法，“你们如果非要这样，那就这样好了！快点动身吧，伙计们！”

谢尔盖和安德烈立马准备起东西来，掮出两个大卷轴——卷小旗子用的，分别把它们拴在雪橇上。在他们准备的时候，塞索伊奇赶紧跑回家一趟，换了一身衣服，又从村子里找了5个年轻的庄员，好让他们帮着赶围。

这3个猎人，都把灰布罩衫套在了短皮大衣外面。

“我们要对付的可不是只兔子，它可是只狡猾的老狐狸呢！”塞索伊奇在半路上边走边教导他们说，“兔子经常是糊里糊涂的。【**形容词：**“糊里糊涂”形容兔子平时总是给人感觉思想处于模糊不清的状态，写出了兔子的娇憨

可爱，也对比出狐狸的狡猾和难以对付。】但狐狸呢，它的嗅觉可是比兔子的灵敏多了，视觉也更敏锐。它只要发觉有一丁点不对头的地方，就会马上消失得毫无踪影！”

大家急速地奔跑着，很快就到了狐狸藏身的那片小树林。大家各自分散开来：来帮忙赶围的人各自站到了对的地方；谢尔盖和安德烈拿了一个卷轴，向左边方向绕着小树林走，边走边把小旗子挂起来；塞索伊奇拿着另外一个卷轴，顺着林子往右边走了。

“你们一定要仔细看地面。”分头行动前，塞索伊奇又一次提醒他们，“一定要看清有没有走出树林的脚印，千万别弄出什么动静，这只老狐狸可狡猾呢！只要被它听到一点动静，它就会立马想办法逃脱。”

过了一阵子，3个猎人又在小树林那边会合了。

“一切都准备好了！”谢尔盖和安德烈说，“地面我们也仔细观察过了，没有走出树林的脚印。”

“我也没发现。”

他们在树林边上留下了一个通道，没有挂上小旗子，大约有150步宽的样子。塞索伊奇又一次谨慎地告诉这两个年轻人站在什么地方守候最好，然后他自己又上了滑雪板，以极快的速度静悄悄地滑到了帮忙赶围的人们那里。

大约半个钟头过去了，围猎行动开始了。那6个人分散开来进行阻击，以一个半圆的形状朝小树林里包围过去，一边不停地彼此低声呼应着，一边不停地用木棍敲击树干。塞索伊奇走在中间位置，随时指挥着赶围的人的行动。

此时的树林里静悄悄的，没有一点声响。人们经过时擦到树枝，会有一团团软绵绵的积雪悄无声息地从树上滑下来。【**形容词：**“软绵绵”一词从触觉的角度写出了雪团给人的感觉，在此也强调出当时树林的寂静，用词贴切、生动。】

塞索伊奇十分紧张地等待两个年轻猎人的枪声，虽然这两人也算是他的老搭档了，但他还是担心这次行动不能顺利完成。那只公狐狸可是很少见的呢，对于这一点，经验丰富的塞索伊奇十分肯定。如果这次打不到这只狐狸，那以后恐怕再也没有机会碰上这样的狐狸了。

他边走边想，此时已来到小树林中间了，可是枪声还是没有传来。

“到底出什么事了？”塞索伊奇一边从树干间走了过去，一边暗自纳闷，“狐狸早就该跑出来了呀，此时应该蹿上通道了呀！”

现在他已经走到小树林边上了，那两个年轻猎人看见他，也分别从那几棵用来藏身的小云杉树后面走了出来。

“没有出来吗？”塞索伊奇满腹狐疑地问道，他现在也不必压低声音说话了。

“没有。”

小个子猎人听后没多说一句话，就快速地往回跑去，他要去包围线那里瞧瞧，看是否有被狐狸突破的痕迹。

“喂！快来这儿看看！”过了一小会儿，那边就传来他气呼呼的大叫声。

大家听到他的喊声就急忙来到他的跟前。

“你们还算是什么追踪兽迹的猎人？”小个子猎人怒气冲冲地对着那两个年轻猎人说，“你们好好看看，这到底是什么？这难道不是出林子的脚印吗？你们不是说没有吗？”

“可这是兔子的脚印哪。”谢尔盖和安德烈不约而同地大声说，“这个我们怎么可能不认识呢？刚才我们进行包围的时候，就早已经看见了。”

“你们两个简直是傻瓜，难道你们没看见兔子脚印里头还有什么吗？你们俩再给我好好看看，告诉我那是什么！我叮嘱了你们好多遍，一定要细心、注意，这只狐狸可是狡猾得很呢！”【**语言描写：**生动的语言描写真实地刻画出了塞索伊奇当时内心的愤怒和郁闷，也从侧面反映出两个年轻猎人经验的不足。】

两个年轻猎人似乎还有点不服气，又勉强走过去看，发现在兔子长长的后脚印里，模模糊糊好像还有另外一种野兽的脚印，这种脚印比兔子的后脚印要圆一些，短一些。他们俩在那里研究了半天，才恍然大悟。【**成语：**“恍然大悟”形象地描写出两个年轻猎人一下子明白过来的生动神态，用语简练，意

蕴丰富。】

“为了掩盖自己的脚印，狐狸常常会踩着兔子的脚印走来迷惑猎人，你们竟然连这个都不了解！”塞索伊奇无可忍耐地发火，“你们过来好好看看这些脚印，看看是不是一步步都踩着兔子的脚印的。你们俩长眼睛有什么用！就因为你们俩，大家白白浪费掉多少时间哪！”

塞索伊奇让他们把小旗子留在原来的地方，自己急忙沿着脚印跑去了，其他人也都一声不吭地紧紧跟在他的身后。

一进入灌木丛，狐狸的脚印就和兔子的脚印明显地分开了。这脚印只是在地上绕来绕去，清晰地显现在地面上。这只狡猾的狐狸就这样绕着圈耍出了各种鬼花样，猎人们沿着这种脚印走了好长时间。

在这寒气逼人、天空晦暗不明的冬日里，太阳挂在淡紫色的云层上，似乎没精打采。【**成语：“没精打采”真切地表现出大家围猎失败后似乎觉得太阳都变得精神不振，提不起劲头来的样子。**】大家也都垂头丧气起来，这一个白天就这样白白浪费掉了，大家辛苦了一天，毫无收获。他们站在滑雪板上滑行的时候，脚步似乎也沉重无比。

走在最前面的塞索伊奇突然停住了。他手指着前面的一片小树林轻声说：“狐狸就躲在那里。前面5千米全都是平坦的田野，既没有树丛，也没有溪谷，光秃秃的，一眼就能看得老远。狐狸要想跑过这样毫无遮挡的田野，那就会很容易暴露自己的行踪。它一定就藏在这儿，我敢用我的脑袋跟你们打赌。”

两个年轻猎人听他这么一说，顿时又来了精神，放下了扛在肩膀上的猎枪。

安德烈和3个赶围的人在塞索伊奇的吩咐下，从小树林右面开始包抄过去，谢尔盖和另外两个赶围的人，则从小树林左面开始包抄。大家一起走进了小树林。

等他们走了之后，塞索伊奇自己轻手轻脚地溜进了林子中间。【**动词：“溜进”一词写出了塞索伊奇在别人离开后不想善罢甘休的心理，悄悄进入树**

林想一探究竟，用词真实、贴切，动作传神。】他老早就知道那里有一块空地。狐狸是不可能待在这么空旷的毫无遮拦的地方的。可是，这块空地的边缘都是狐狸的必经之地，不论它从哪个方向经过小树林。

一棵高大茂密的云杉就矗立在这块空地的当中，旁边还有一棵云杉，但已经枯死了，靠在这棵高大茂密的云杉的树枝上。

空地周围是一些矮小的云杉，除此之外就是显得光秃秃的白杨和白桦树。塞索伊奇正在思索的时候，突发奇想，他想攀着那棵倾倒的枯云杉，慢慢爬到这棵大的云杉上去。蹲在高处的树枝上，他可以居高临下地看清地面的一切，这样，狐狸不论朝哪边跑，都会被他发现。

可是刚想了一会儿，这经验丰富的猎人又改变了主意。他觉得，狐狸可能会利用他爬树的工夫跑掉，而且如果他在树上开枪，可能也十分不便。于是他放弃了先前的想法。

接着，塞索伊奇就在那棵云杉旁停下了脚步，选择了在两棵小的云杉之间的树桩上站住，扳着双筒猎枪的枪机，向四周仔细张望，随时准备开枪。

赶围人的呼喊声和敲击树干的声音遥相呼应，从四面八方聚集过来。

那只能卖出大价钱的狡猾的狐狸肯定就藏身于此，这一点塞索伊奇毫不怀疑。他觉得在离他不远的某个地方，那只狐狸随时都可能出现。突然，他浑身一哆嗦，一抹深棕色在树干间一闪而过，一直延伸到那毫无遮挡物的空旷地面上，塞索伊奇差一点就开枪了。

绝对不能开枪，那只是一只兔子，不是那狡猾的狐狸。

兔子一阵狂奔后在雪地上不安地坐了下来，还不停地抖动着它那因受惊而竖起的长长的耳朵。【**动作描写：**通过对兔子逃跑情景的描写，生动刻画出兔子逃跑过程中因受惊而慌张的各种动作，充分描绘出了兔子受惊的程度，语言形象，观察细致。】

林子四周人们的呼叫声越来越近了。

兔子张望一阵之后，跳进了浓密的树林，霎时逃得不见了踪影。

塞索伊奇继续耐心地等待着，带着注意力高度集中的神情。

就在他静静等待的时候，突然一声枪响从右边传了过来，打破了寂静。

打死了，还是只是打伤了？

接着从左边又传来了第二声枪响。

塞索伊奇轻轻放下了枪。他在心里琢磨：不是谢尔盖，就是安德烈，肯定有一个人把这狡猾的狐狸给打中了。

过了一阵子，赶围的人都来到了这片空地上。谢尔盖一脸尴尬的神情，**【形容词：“尴尬”一词真实而贴切地写出了谢尔盖没有打中目标后的惭愧神色，也暗示出他认真负责的性格。】**和那些人站在一起。

“竟然没有打中？”塞索伊奇满脸阴郁地问道。

“它躲在浓密的灌木丛后面，唉，没有打到……”

“唉，你简直……”

“没逃走，打中了呀！”这时安德烈在他们的背后嘻嘻哈哈地说，“看，这是什么？”**【语言描写：安德烈的话语和说话时的神态充分体现出他爱开玩笑、不够严肃认真的样子。】**

年轻的猎人带着一只被打中的兔子走了过来，一把把兔子扔到了塞索伊奇的脚下。

有时猎人打到一些兔子，会发现它们背上有鹗鸟或鹞鹰的脚爪，在不可思议之余做出了这样的推断：鹗鸟或鹞鹰一只脚爪扎进兔子后背，另一只脚爪竭力抓住树木或灌木枝条时被用尽全力挣扎逃跑的兔子撕成两半。

塞索伊奇一看，只是张了张嘴，却一句话也没说出来。赶围的人们莫名其妙地看着眼前这3个猎人，很是不解的样子。

“太好了！手气很不错呀！”塞索伊奇恢复了平静，开口说道，“现在，大家还是都回家去吧！”

“那狐狸怎么办呢？”谢尔盖紧接着开口问道。

“狐狸？你看到它的影子了吗？”塞索伊奇尽量用平静的语气问。

“没有，没看见。真是奇怪了，我打的也是兔子呢，就在那边灌木丛的后面，那样……”

塞索伊奇满是疑惑地观察着地上那狐狸的脚印和兔子的脚印

塞索伊奇举着手摆了摆说："我看见它了，看见它被一只山雀给抓到天上去了。"

大家低着头，一声不吭地走出了空地，小个子猎人独自走在后面。这时天还没有黑下来，树林里还透着亮光，雪地上的脚印还十分清楚地呈现在眼前。

塞索伊奇心中满是疑惑地绕着空地又慢慢地走了一圈，他走几步，停一下，仔细观察着。

空地洁白的雪面上还清晰地印着兔子和狐狸的脚印，塞索伊奇蹲下身来，仔细地研究着狐狸的脚印。

不对！狐狸其实并没有每一步都完全踩着自己原来的脚印往回走。狐狸平时也没有这样的习惯。

走出这块空旷之地，脚印就完全没有了。塞索伊奇眼前既没有兔子，也没有狐狸。

塞索伊奇还是十分不解。他走到小树桩前，慢慢坐了下来，双手捧着头，陷入了深深的思索中。【**动作描写：一连串的动作描写，真实反映了塞索伊奇没有抓到狐狸时的具体神态，体现出他对当时情形的迷惑不解，语言生动，描写细腻。**】一瞬间灵光一闪，一个很简单的念头在他脑海中出现：这只狡猾的狐狸有可能在空地上打了一个洞，钻进去躲了起来。这一点，猎人刚才是完全没有想到的。

此时，塞索伊奇抬头望向天空，发现天已经黑了下来，他刚才的想法即使是对的，在黑暗的树林里，他对这个狡猾的畜生也是毫无办法的。

塞索伊奇只好无奈地站起身来，回家去了。

野兽的行为有时会让人难以捉摸，就像是十分难猜的谜语那样，让人无法明白。

虽然很多人都被这种谜语给难住了，但塞索伊奇可不是能轻易就被难住的人。即使是自古以来就有"最狡猾的野兽"之称的狐狸，也一样难不住他。

第二天一大早，小个子猎人就又早早地来到了昨天狐狸消失的那块空地。现在，地面上竟然清晰地印着狐狸走出空地的脚印。

塞索伊奇按捺住兴奋的心情，沿着脚印走去。他心里想：一定要找到狐狸藏身的洞穴。【心理描写：通过塞索伊奇的内心独白，体现出他非常想抓住这只狡猾的狐狸的坚定决心，充分体现了他执着的性格。】可是，奇怪的是，狐狸的脚印一直把他带到空地的中央来了。一行十分清晰又整齐的脚印一直通向那棵歪倒的枯死了的云杉那里，顺着树干上去，在茂盛的大云杉的细密的针叶丛中消失不见了。那个地方大约离地面有8米高，在一根粗壮的树枝上，光秃秃的，上面没有一点积雪：积雪被一只在这里睡觉的野兽给弄掉了。

塞索伊奇恍然大悟：原来他昨天在这里静静守候狐狸的时候，这只狡猾的狐狸正躺在他头顶的树干上呢！如果狐狸能像人一样发出笑声的话，它那个时候一定会瞅着底下的小个子猎人偷偷地笑呢！

不过，这件事发生以后，塞索伊奇就相信：既然狐狸有上树的本领，那它们也一定会像人一样笑，而且会痛快地笑。

本报特约通讯员

我的好词好句积累卡

惶恐　果断　慷慨　胸有成竹　热火朝天　怒气冲冲

一轮明月就挂在云杉树梢，仿佛朦朦胧胧的落日，伸手可及，洒下清冷的月光，笼罩着整个森林。

母狼那双敏锐的眼睛透出惶恐不安却又凶狠无比的幽幽之光。

来自四面八方的无线电通报

注意！注意！

这里是地处列宁格勒的《森林报》编辑部。

今天是12月22日，正值冬至日。在这里，我们要进行今年的最后一次无线电播报。

这次播报我们邀请了很多嘉宾参加，它们分别是苔原、草原、密林、沙漠、山岳和海洋。

现在外面寒风刺骨，冷气袭人。今天是一个比较特殊的日子，因为今天在一年当中，白天最短，夜晚最长。下面请各位嘉宾跟我们讲一下，他们那里都有哪些事情正在发生。

喂！喂！

神奇的北极

我们这里现在是一年中夜晚最长的时候。太阳已经挥手和我们告别，缓缓沉到大海的对面去了。它如果再次出来俯瞰大地，就意味着新的春天来到我们身边了。【**拟人：把太阳比拟成“人”，生动形象地描绘出了太阳落下时的**

经过，把它下落的缓慢过程具体化，充满了趣味性。】

我们这里除了冰雪几乎看不到其他东西，岛屿被厚厚的冰雪覆盖着，苔原也在晶莹的冰雪下沉睡，连海洋也被冰雪掩盖了它那碧蓝的颜色。

那现在还有什么动物在这里过冬吗？

先说海下，北冰洋冰面下的海底有海豹居住。它们总是在冰面还没有完全冻住的时候，就赶快给自己凿通气孔，而且在整个冬天里都会努力保持这些小孔畅通，只要发现通气孔被冰封住，它们就会立即用嘴把通气孔打通。这些小孔是海豹呼吸外面新鲜空气的通道。当然，海豹也不总是待在冰下，它们偶尔也会爬到冰面上休息一会儿，晒晒太阳，打个盹什么的。【**动作描写**：通过对海豹爬上冰面休息时具体样子的描写，细腻地刻画出海豹悠闲自在的神态，语言活泼俏皮。】

这个时候常有危险发生，公白熊会趁此机会偷偷靠近它们。公白熊不像母白熊那样。母白熊需要钻到冰雪下依靠冬眠来度过整个冬季。

再说苔原的情况吧。一种短尾巴的旅鼠居住在苔原的雪面之下，它们喜欢在雪地里挖出一条一条小道，在寒冷的冬季，它们就依靠吃那些被皑皑白雪覆盖住的细小草茎为生。而那些穿着雪白皮毛做成的御寒服装的北极狐，就可以用灵敏的嗅觉追踪它们，并最终找到它们的藏身之所，把它们从厚厚的积雪下挖出来。

苔原上还有一种野禽是北极狐很喜爱的美食，那就是苔原雷鸟。那些嗅觉异常敏锐的狐狸总是在这种鸟躲在雪被子下蒙头大睡的时候，悄悄靠近并轻而易举地捉住它们。也许，被狐狸捉住的苔原雷鸟还没明白是怎么回事呢！

这儿一直是夜晚，周围总是漆黑一片。太阳也一直没有露面，那在没有太阳的这些日子里，我们怎么看东西呢？

其实我们这里即使没有太阳的照耀也不是黑得什么都看不见，往往还是很亮的。这是因为：第一，天空晴朗时，皓月当空，月华如水；第二，我们这里的天空上有别的地方所没有的事物，那就是光彩夺目的北极光。【**成语**：

“光彩夺目”这一成语，充分形容出北极光鲜艳耀眼的真实样子，给人以辉煌灿烂的美感。】这种很神奇的光总是变化多端，色彩斑斓，一会儿像一条在空中飞舞浮动的宽宽的飘带，沿着北极方向在空旷的天空中铺展开来；一会儿像是喷涌的瀑布一般一泻千里；一会儿像是银色闪光的柱子或者一柄剑锋雪亮的宝剑高高立起。【排比、比喻：用排比的修辞手法把北极光变幻莫测、美丽异常的具体形象，用各种比喻生动具体地描绘了出来，给读者留下一种非常神奇的印象。】这时候，连那些洁白纯净、毫无瑕疵的白雪在北极光的照耀下也显现出夺目的银色，光芒万丈。此时的世界简直比白昼还要光亮。

你们如果问天冷不冷，那是当然，而且冷得要命呢！这里正狂风肆虐，暴雪到处飞扬，刮得昏天黑地的。那种暴风雪实在是太恐怖了，猛烈地刮起来的时候，甚至会把我们住的房子都掩埋进大雪里。有时出现这样的情况，我们会被关在屋子里好几天呢，甚至一连六七天都没办法出去，就这样被困在里面。不过，不必过分担心，我们是非常勇敢自信的。我们正逐年向北冰洋北部更深处进军呢！我们伟大的探险队员，你们可能想象不到，他们甚至早已经开始研究北极了。

这里是顿巴斯草原

现在，我们这儿正在下小雪。不过这点雪对我们来说不算什么，而且我们这里的冬天持续的时间不长，气温也不是低得让人难以忍受。这里的冬天甚至还有不会被冰冻起来的河流呢！有一些从十分寒冷的地方要飞去南方过冬的野鸭，途经这里的时候，感觉到这里的舒适，就不想去南方了呢！来自北方的秃鼻乌鸦，来到我们这里，就逗留在各个地方的市镇上、城市里。这里有丰盛的食物，吃也吃不完，它们可以在这里一直居留到3月中旬，气温回升后再返回自己的家乡。

把我们这里当作越冬之地的鸟，还包括很多来自苔原地区的可爱小朋友，里面有雪鹀（wú）（又叫铁爪鹀）、角百灵、个头较大的白色雪鸮。生活在这里的雪鸮，很快就能适应大白天出来觅食的生活。如果不能适应这样的生活，它以后就无法习惯苔原地区夏天的生活了，因为，夏季的苔原地区是没有黑夜的，只有漫长的白天。

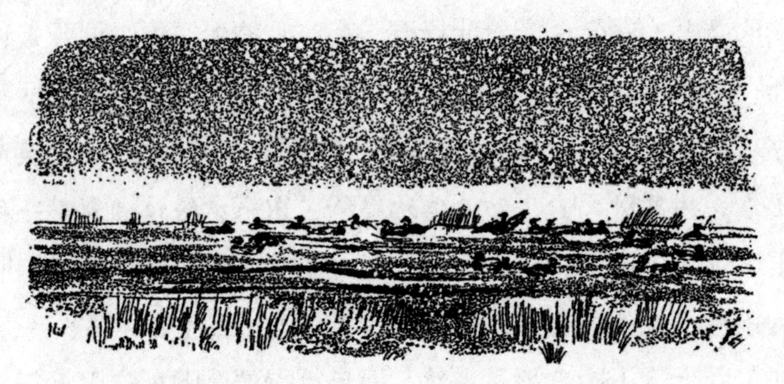

一望无际的草原上覆盖着厚厚的洁白积雪，冬天的田地里是没什么农活可干的。但是，人们也不会闲着，地下可有很多活要干呢：人们都到深不见底的黑幽幽的矿井里，【形容词：“黑幽幽”一词贴切真实地形容出了矿井的深不见底，以及给人心理上的恐怖感觉，用词形象生动。】忙着用机器挖掘煤矿呢！煤炭被挖掘出来后就用电力升降机送到地面上，再被人们运载到火车上，最后被运输到遍布全国各地的各种工厂里去。

这里是新西伯利亚大森林

森林里的雪越积越厚，猎人们都踏上滑雪板，结伴到大森林里来猎捕野兽了。他们用那种轻型雪橇运载着食物，还有其他的生活必需品，就这样，他们一个个朝着森林进发了。他们的猎狗飞快地奔跑在雪橇的前面，这些猎狗可不是普通的狗，它们一般都是北极犬，尖尖的耳朵直立着，蓬松的尾巴向上卷起。【外形描写：通过描写北极犬的耳朵和尾巴，把它们所具有的突出特征呈现在读者面前，体现出作者观察的细致、语言的真实和形象。】

广袤无垠的大森林里有很多种类不同的小野兽，有淡蓝色皮毛的灰鼠；有珍贵的黑貂；有身着厚厚皮毛大衣的猞猁和兔子；有身高马大的麋鹿；有棕黄色的鸡貂（鸡貂毛很珍贵，可以用来制作上等的画笔）；有通身雪白的白鼬（yòu）。【排比：用能增强语势的排比，把大森林里小野兽种类的繁多和

各自具有的特色一一概括了出来，语言形象而具体。】以前白鼬皮经常被拿来做沙皇穿的皮斗篷，而现在白鼬皮则被人们拿来制作孩子的小帽子。这里还有数不胜数的红色火狐和棕黄色玄狐、味道绝佳的榛鸡和松鸡。

此时，笨笨的狗熊们早已躲到它们的秘密树洞里去冬眠了，准备度过那漫长而寒冷的冬季。

到这样广阔的森林里狩猎，猎人们常常要住好几个月，夜晚他们一般都住在森林里的小木屋中。冬季里的白天总是很短暂，因此，猎人们总是从早到晚忙个不停：先布下网，然后设陷阱，等待那些前来自投罗网的鸟兽。猎人们的北极犬则在森林里四处奔跑，这里闻闻，那里嗅嗅，到处捕捉可疑迹象，帮助猎人们去寻找猎物，比如松鸡、灰鼠、西伯利亚鼬和麋鹿，甚至是酣睡着正做着美梦的大狗熊！

经过一段时间的捕猎，猎人们都一伙伙地带着猎捕的动物，满载而归。

这里是卡拉库姆沙漠

沙漠似乎总给人一种荒芜、光秃秃的印象，其实，沙漠并不是一直如此。在春天和秋天这两个季节里，那里是生机勃勃【成语：“生机勃勃”展现出沙漠在春秋两季充满生命力的景象，用词准确、真实。】的。

不过，夏天或冬天，沙漠就会变得毫无生机，显现出一片死寂。夏季里，难耐的酷暑让所有的生命屈服，鸟兽在那里找不到任何食物；冬天里，让人生畏的严寒同样让所有的生命望而却步。

每当寒冬来临，飞禽和走兽，搬迁的搬迁，逃走的逃走，都远离这个寒气森森的可怕地方。虽然南方的太阳仍高高地悬挂在天上，无私地普照着大地，可是再也没有飞禽和走兽来欣赏这一片蔚蓝的晴空了。尽管太阳的温暖可以融化积雪，可是积雪融化后，下面也只有冰冷死寂的沙子。乌龟、蜥蜴、蛇和一些昆虫，甚至包括一些热血动物，如老鼠、黄鼠、跳鼠等，也都早已经躲藏到沙子的深层去了，动物们几乎都被冻得硬邦邦的，简直就像一截截干木，【比喻：把动物冻得硬硬的身体比作“干木”，形象贴切，给人一种真实的触感，语言精妙生动。】它们纷纷进入了沉沉的睡眠状态之中。对它们来说，也只有冬眠才能让它们度过这寒冷难耐的冬季。

呼啸不止的凛冽寒风肆意地在旷野里横行，现在没有任何力量能阻挡它入侵的脚步了。冬天里，狂风主宰着这片沙漠的一切。

不过，眼前单调而死寂的景象不会持续多久了。人们正在试图用自己的智慧来征服这片没有生机的沙漠，他们用勤劳的双手在沙漠里开凿出一条条灌溉渠，栽种上一行行树木。也许在不久的将来，就算是在酷暑难耐的夏季和寒气逼人的冬季，沙漠也能充满盎然生机和盈盈绿意。

喂！喂！
这里是高加索山区

在我们这儿，有个很奇怪的现象：冬天里有寒冷的冬天，也有酷热的夏天；夏天里有炎热的夏天，还有寒冷的冬天。

在我们这个地方，那些耸入云霄的巍峨山峰，常年被厚厚的冰雪覆盖着，像我国的卡兹别克山和厄尔布尔士山那样的巨人般的山峰，即使是夏季里火一般的太阳，面对它们顶峰上的积雪和冰岩也束手无策。【成语：“束手无策”一词把太阳对于山顶的积雪和冰岩，就像手被捆住一样，一点办法也没有的无奈样子生动地体现了出来，用词准确而传神。】不过，冬天的逼人寒气也没办法让我们屈服，这里还有像屏障一样环绕在四周的阻挡寒气的群山，有平坦广阔的谷地和海滨，那里一年四季都有鲜花盛开。

在寒冷的冬季，那些野羚羊、野山羊、野绵羊，也至多是从山顶来到半山腰，到了这里，再让它们往下走是不可能的了。当山上开始飘起鹅毛大雪的时候，山谷中却有温暖的雨在飘飘洒洒。

我们从果园里采摘新鲜的橘子、橙子、柠檬，当它们还散发着诱人的果香的时候就被我们上交给了国家。美丽迷人的花园里，辛勤的蜜蜂在“嗡嗡”地哼着歌飞来飞去，盛开的娇艳玫瑰似乎向我们展示其魅力，不时地在风中摇

人们在果园里采摘果子，蜜蜂在花丛中飞舞

曳。【拟人：把蜜蜂和玫瑰比拟成“人”，生动地刻画出了蜜蜂“嗡嗡”地不停在花园里飞来飞去和玫瑰绽放美丽花朵的情景，描写具体而细腻，具有感染力。】

在阳光普照的山坡上，第一批盛开的鲜花已经芬芳四溢，这儿是一片白色的花，中间还带着绿芯；那里是一片蒲公英，金黄耀眼。我们这个地方，鲜花一年到头常开不败，连母鸡也毫不休息地一年四季都产蛋。

寒冬，我们这儿的各种鸟类和野兽将要开始忍受寒冷的时候，它们不必像其他地方的禽类和兽类那样远途迁徙，它们只要从山顶往下走一点，来到半山腰或是山脚下，又或者到山谷里来，就可以解决面临的问题，既有充足的食物，又躲避了寒冷的气候。

我们高加索地区的独特气候吸引了许多来此做客的鸟，它们都是为了躲避北方难耐的酷寒而前来度假的客人！我们无私的高加索地区营救了多少落魄的难民哪，又给那些越冬的客人默默奉献出多少温暖哪！

慕名到我们这儿做客的鸟有很多很多，其中有苍头燕雀、椋鸟、百灵鸟、野鸭，甚至还有长着长长嘴巴的丘鹬，它的眼睛生得靠近后脑，以便把嘴插到

深深的泥土里找食物吃。

今天，冬至日已经悄然来到，这是一年所有日子当中白昼最短、黑夜最长的一天，这一天也是让人欣喜的一天。此后出现在你眼前的将是阳光明媚的白天、繁星满天的夜晚。而在北冰洋那边，就是我们伟大祖国的另一端，我们的朋友可是连门都不敢迈出一步呢！那里到处都是纷纷扬扬的大雪和肆无忌惮的狂风，严寒正在吞噬【**动词：**“吞噬”一词极富力度地刻画出了严寒对大地的摧残，也体现出严寒的巨大威力，用词准确、贴切。】着大地上的一切。可是，在我们这一端，情况真是完全不同，现在我们不但可以出门，而且出门的时候甚至连大衣都不用穿，只要穿上薄薄的外套就已经感觉很温暖了。我们走出家门，来到空气清新的户外，观赏着眼前连绵不断、直插云霄的群山。快看，那不是细细的月牙吗，此时它正悬挂在我们前面山顶晴朗的天空上呢！海浪轻轻荡漾着，溅起小小的碧色浪花，海面上静悄悄的，只有海浪轻柔拍打脚下岩石的声音。【**景物描写：**通过对海面的观察写出了冬至时节大海呈现出的静谧和祥和的景象，体现出了大海另一番不同的景色，充满美感。】

这里是黑海

多么美妙哇！小小的浪花在黑海的海面上微微起伏着，在波浪温柔的怀抱里轻轻荡漾着，轻柔地拍打着海岸，沙滩上的鹅卵石也随着波浪的荡漾而轻轻晃动，发出细微而温柔的声音，这声音就像一首动听的催眠曲。

细细的新月悬在空旷的夜空中，美丽的影子倒映在黑魆（xū）魆的海面上。常刮暴风的季节已经远离此地。在有风暴的季节，我们眼前的大海总是怒气冲天般波涛滚滚，狂风卷起滔天巨浪，疯狂地拍打着岸边的礁石，飞溅出很远很远，甚至带着轰鸣和巨响溅到岸上来，似乎是在发泄心中无名的怒火。【**景物描写：**运用拟人、夸张等修辞手法把风暴中大海上的景象细腻传神地呈现在读者面前，生动形象，营造了恐怖的气氛。】当然，这样的恐怖场景还是秋天出现的，早已离我们远去了。现在已是冬季，暴风已经不怎么来此肆虐了。

其实，黑海里是没有所谓的严寒冬季的，到了冬季，海水也只是稍微有些凉意，再严重些，也就是北部海岸一带，海边会短暂地出现薄薄的冰层。在其他时间里，我们的大海总是一副欢腾跳跃的样子，海面上经常会出现调皮又聪明的海豚，它们在海里欢快地嬉戏玩耍；有时黑鸬鹚也会来凑热闹，它们忽而深潜入水底，忽而又飞出水面；雪白的海鸥掠过海面，一闪而过。【**排比：**用排比的修辞手法把海面上热闹的景象刻画了出来，也说明海里生物种类的多样，语言细腻，描写生动活泼。】一年到头，海面上总有一些气派豪华的大型汽船和轮船来来往往；偶尔也有摩托快艇出现在海面上，疾驰而过；还有轻巧便捷的帆船从海面上飞速地滑过。

到这里过冬的鸟特别多，有潜鸟，还有多种潜鸭，胖乎乎的浅红色鹈鹕也会来此越冬，它们嘴下都带着一个大肉袋——用来盛放捕获的鱼。和夏天的海洋相比，冬天的海洋并不显得特别寂寞。

让我们再次回到位于列宁格勒的《森林报》编辑部吧！

你们已经领略了苏联的春夏秋冬四个季节，在全国各地是多么不同！这就是我们苏联的春夏秋冬，是我们伟大祖国最具特色的一部分。

有这么多特色不同的地方，请你按照自己的喜好选择一个称心的去处吧！不过，不论你去哪里，也不论你去哪个地方定居下来，所到之处都会有它独特

的美妙，也会有一系列独具匠心的设计。你可以用自己善于发现美的眼睛去追寻、去发现我们祖国美好江山里的所有奇异景色，还有一切丰富的物产资源，从而让我们的生活更加美好，更加舒适。

我们在今年第四次，当然也是最后一次向全国各地发出的无线电通报，到此已经全部结束。

再见！再见！

我们明年再相会！

我的读后感

仔细读完无线电发来的这些通报，我从心底感到惊奇：大自然竟有如此丰富的地貌，每一种地貌上又有那么多神奇的生命。这一切可真是太有魅力了，真想马上就去亲身体验一番哪！

打靶场

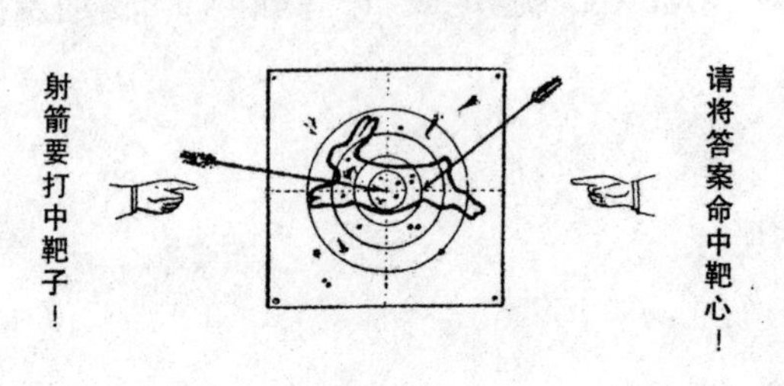

第十期竞答题

1. 从日历上看，冬季是从哪一天开始的？这一天有什么特征吗？

2. 在地上留下脚印却没有爪印的是哪一种动物？为什么？

3. 有着珍贵的皮毛，但渔夫却不喜欢的动物有哪两种？

4. 冬天，树木还在生长吗？

5. 为什么猎人们特别重视在初雪过后打猎？

6. 钻到厚厚积雪下过夜的鸟有哪几种？

7. 冬天，如果猎人们要去田野或森林里打猎，那么他们穿什么颜色的衣服最合适？

8. 兔子奔跑的时候，留在地上的前后脚印位置相反，具体而言，后脚印在前，前脚印在后，这是为什么呢？

9. 冬天到来后，我们的候鸟飞到南方越冬是否依然做巢？

10. 下图雪地上是什么动物的脚印？

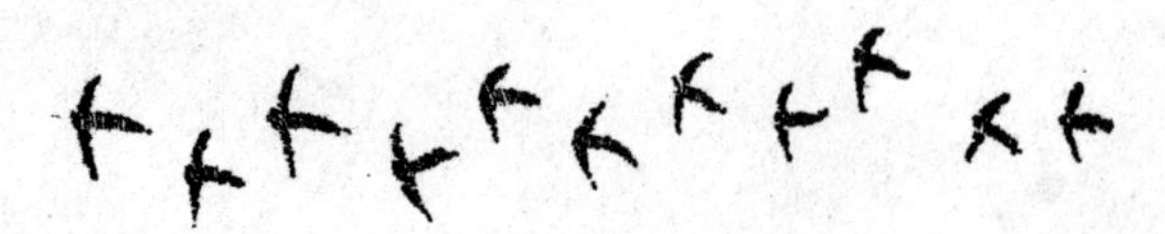

11. 我们的森林中有一种鸟，它的眼睛生得靠近后脑，这是哪种鸟？为什么？

12. 狐狸不喜欢吃的是哪一种小动物？

13. 哪一种野兽的脚印像人的脚印？

14. 有时候，猎人会打到一些兔子，它们背上有鸮鸟或鹞鹰的脚爪。为什么会这样？

15. 下面画的是一只被猎人打伤的鹿的脚印。参照图片仔细看，这只鹿哪里受了伤？

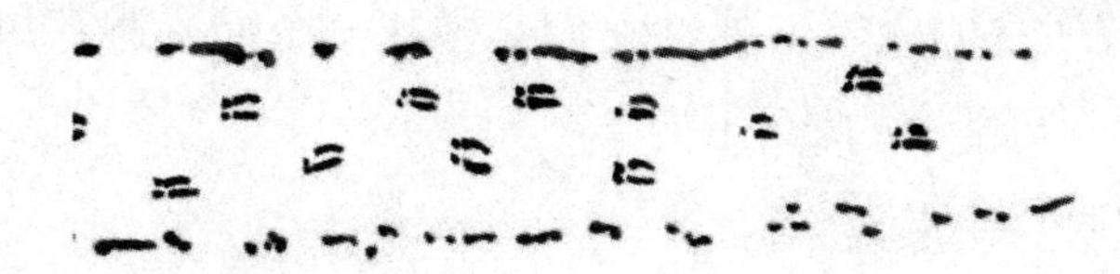

16. 一件大袍，空中飘摇，没襟没纽，谁也不要。（谜语）

17. 马不回家，只在荒野里嘶鸣。（谜语）

18. 在雪地里奔跑，却没留下脚印。（谜语）

19. 门外一个老头，看到温暖就逃走，自己不站着，也不让别人站着。（谜语）

20. 谁在河上造大桥，不用钉来钉，不用斧头凿，石礅无须造，木板用不着。（谜语）

21. 跟金刚石一样纯净，但却一点也不贵。从什么变的，还变回什么。（谜语）

22. 飞呀飞呀飞个不停，转哪转哪转个不休，从空中向全世界怒吼。（谜语）

23. 种进土里的是一小粒，钻出土来的是大馒头。（谜语）

24. 不用种，不用碾，泡在水里，压块石头，冬天没有菜，端上桌来一大盘。（谜语）

公　告

请关心一下那些流浪、饥饿的森林小朋友!

太难熬了！太难熬了！寒冷的冬天，对于那些鸣禽和其他鸟来说，日子太难熬了！为了不被严寒的天气冻死，它们必须找一个能躲避寒风和冰雪的地方，否则它们的性命可能真的就不保了。

快来呀！快来呀！快来救命啊！

快点去给它们提供帮助吧！

给那些可怜的小鸟建造能够过夜的树洞吧！在田地里，快给灰山鹑搭建一个小棚子吧，就用那些云杉树枝和稻草捆。

给了鸟住处，再给鸟开设提供食物的小食堂吧！

邀请鸟做客

山雀和䴓（shī）鸟非常喜欢吃油，但油不能是咸的。因为它们是不能吃咸东西的，只要吃了咸的东西，它们就会肚子疼。

如果有人想要邀请这些可爱的小鸟去自己家里做客，同时欣赏它们的舞姿或歌声，还想在它们困难的时候给它们提供食物，那就得照下面的方法来做：

拿一根特殊的小棒子，这根小棒子上要钻有一行小窟窿，再往这些小窟窿里灌上熟猪油或熟牛油。等到油冷却后凝结在上面，然后再把小棒子挂在户外，最好是挂在窗户外边的树上。

这些活泼可爱的小馋嘴，它们可不会让主人等待多久，而且它们为了感谢主人的盛情款待，会倾情表演各种小节目逗主人开心：一会儿在树枝上转圈，一会儿头朝下翻跟头，一会儿又快速地跳向旁边。

写一写，练一练

1. 写出下列词语的反义词。

可怜——（　　）　快速——（　　）

2. 给下列加点字注音。

窟窿（　　）　咸（　　）东西

“锐眼”称号竞赛九

这是谁的足迹?

图1　　　　图2

瞧！这会是什么动物的脚印呢？是兔子的吗？兔子的脚印是有两种的：雪兔的和欧兔的。那么到底哪一种脚印是雪兔的，哪一种脚印是欧兔的？

图3

你只要一边走，一边细心观察，就会发现，雪地上，都留有飞禽走兽的脚印。

这样，你就可以学会并读懂这本伟大的白色“冬书”了。

森　林　报

饥饿难忍月（冬天第二月）　　　　从1月21日到2月20日

一年12个月的欢乐诗篇——1月

按照老百姓的说法，1月是一年的开始，是由寒冷冬天转向温暖春天的转折点，它是冬季的中心月份。

新的一年开始后，白昼仿佛一下子变长了，就像兔子突然跳起来，猛地向前蹿了一大截。【**比喻：把白昼的快速变长比作兔子猛然往前“蹿”，语言生动有趣，富有动感。**】

眼前是一片被皑皑白雪覆盖着的广袤大地，森林、江河、湖泊全都是雪白一片。大地上的一切都陷入了沉沉的睡眠当中。

生物，在每次遇到危险的时候，总会以各种各样的巧妙方法装死。在这寒冷的冬季里，花草树木的生命迹象全都消失得无影无踪了。但事实上，这只是一种假象，它们只是暂时停止生长发育，并没有像我们想象的那样真的死掉了。

在厚厚积雪的覆盖下，大地虽然一片死寂，但其实这里正在暗中孕育着强劲的生命力，其中以生长和开花的力量最为强劲。【**形容词：“强劲”一词体现出了积雪覆盖下的生命拥有顽强的生命力，体现出它们蕴涵的巨大力量，词语充满力度和激情。**】松树和云杉树分别把各自的种子隐秘地藏在如小拳头

般结实坚硬的球果里，保存得完好无缺。

冷血动物全都藏起身来，冻得硬硬的，如同冰棒，不再活动了。而事实上它们也并没有死掉，甚至像螟蛾这样脆弱的小生命也没有死掉，它们都只是钻到各种不同的角落里冬眠去了。

热血的鸟类是不需要冬眠的。甚至像小老鼠这样的小动物，在整个冬天也总是忙个不停地到处奔波。更有趣的是，在厚厚白雪覆盖着的树洞里，沉睡着的母熊在一月最寒冷的时候，竟然还生下了一窝可爱的熊宝宝，它们一个个都还没来得及睁开小眼睛呢！虽然熊妈妈已经整整一个冬天都没吃东西了，但它却仍然能够给熊宝宝提供充足的奶水，而且还能一直坚持到来年春天呢！这简直是不可思议的事情。【**成语：短小精悍的成语写出了熊妈妈一个冬天不吃东西却能有充足的奶水这件事让人觉得无法想象、难以理解，表达准确而贴切。**】

我的好词好句积累卡

巧妙　覆盖　脆弱　不可思议　完好无缺

眼前是一片被皑皑白雪覆盖着的广袤大地，森林、江河、湖泊全都是雪白一片。

松树和云杉树分别把各自的种子隐秘地藏在如小拳头般结实坚硬的球果里，保存得完好无缺。

森林中的大事

寒冷难耐的树林子

寒冷刺骨的狂风在空旷的田野里呼啸不止，在一片光秃秃的白桦树和白杨树之间穿行，发疯般地满树林子乱转。冷风如长了眼睛一般一阵阵地袭击着树林中的飞禽，不时钻进它们紧密的羽毛中，让它们一阵阵地战栗，一次次地缩紧皮毛。

这样的天气里，飞禽既不能蹲在地上不动，也不能在高高的枝头栖息。因为到处都是冰和积雪，小爪子都冻得疼痛难忍了！于是，它们只有不停地奔跑、跳跃，或者是飞翔，用一切办法来使自己不被冻僵。

要是谁有温暖而舒适的洞穴或是窠，再储存足够的食物，那它的小日子可就过得舒服多了。因为这样，它就可以吃得饱饱的，喝得足足的，再把身子一缩，安心睡上一大觉。

吃饱了就不怕冷

其实，飞禽走兽，不管是哪一类，只要肚子吃饱了，它们就什么也不怕

了。美美地饱餐一顿，可以让它们的身体暖和起来，它们体内会散发热量，能温暖血液，这样遍布全身的血管就能传递出一股温热的力量。皮下积累的厚厚脂肪，就如同暖和的皮毛外套，或者羽绒服里最保暖的衬里。【**比喻：把厚厚的脂肪比作“皮毛外套”或羽绒服的“衬里”，贴切形象地写出了这层脂肪对动物的保暖作用，比喻生动，充满形象感和想象力。**】寒气即使能进入皮毛或羽毛，也绝对没有办法穿透这层厚厚的脂肪。

只要食物充足，冬天实在是没有什么可怕的。只是，冬天里食物都在哪里呢？应该去哪里寻找食物呢？

凶恶的狼和狡猾的狐狸总是在树林子里走来走去，可是树林里死气沉沉，很多鸟兽都早已躲藏起来，到隐蔽难寻的地方过冬去了。白天，只有乌鸦不时在林子上空飞过；夜晚，雕鸮不停地在空中徘徊，它们的目的都只有一个，那就是努力想办法找到食物。可是，到处都是光秃秃的，什么也找不到哇！

此时，森林里的日子真是没法过了！又冷又饿，简直饿得要命啊！

一个接着一个

突然，一只乌鸦首先发现前面有一具马的尸体。

接着就传来“呱，呱”的声音，一大群乌鸦闻讯赶来，都急着想要共享美味的晚餐。

天色渐渐昏暗了下来，月亮缓缓升上天空，黑夜即将降临。

忽然，一阵幽幽的叹气声从林子深处传了出来，不知是谁发出的：

一只乌鸦发现了一具马的尸体

“呜咕……呜，呜，呜……”【拟声词：拟声词的运用，真实贴切地描摹出了雕鸮所特有的叫声，这叫声在深夜从林子里传来，渲染了恐怖气氛。】

乌鸦们吓得一下子全都飞了，只见林子里飞出一只雕鸮，它直接大胆地落在了马的尸体上。

它用力地撕扯着马肉，耳朵随着撕扯动作不停地抖动着，白色的眼皮还飞快地眨呀眨的。【动作描写：细腻的语言把雕鸮落在马的尸体上痛快地啄食的样子生动地描绘了出来，语言充满动感，生动而传神，也体现出观察者的细致。】正在它想美美地饱餐一顿时，突然，雪地上传来了一阵窸窸窣窣的脚步声。

听到声音，雕鸮匆匆飞到树枝上躲了起来，只见一只狐狸悄悄地溜到了马的尸体跟前。

伴随着一阵“咔嚓咔嚓”的牙齿撕扯皮肉的声音，一只狼快速地奔了过来。

狐狸才刚刚吃了一点呢，就不得不慌忙放弃食物，逃进了灌木丛。此时，狼一下子扑到了马的尸体上，准备大吃一顿。它浑身的毛发都因发现美食而根根竖立，刀子似的牙齿用力地扯下一块块马肉，它吃得太高兴、太满足了，甚至喉咙里都发出“呼噜呼噜”的声响。【动作描写：把狼鼓动着腮帮、痛痛快快地大吃一顿时的样子细腻地刻画了出来，用词贴切、传神。】这种声响掩盖了周围所有的动静。过了一会儿，它隐隐约约听到了什么，猛地抬起头来，咬得牙齿“咯吱咯吱”地发出刺耳的声音，似乎在向来者发出威胁的信号：“不许过来！”紧接着，它又埋头大吃起来。

只听一声怪异的巨响忽然在它的头顶上方炸了开来，它顿时吓得屁滚尿流，【成语：诙谐的成语形容凶恶的狼当时惊慌到极点的滑稽样子，读来让人忍俊不禁，用词活泼，富有趣味。】

夹着尾巴，灰溜溜地逃走了。

原来是森林霸主——狗熊，它不慌不忙地踱着步子，姗姗而来。

这回，这顿丰盛的美餐谁也别想再靠近了，它被狗熊独享了。

夜幕缓缓地降临，狗熊美美地饱餐了一顿，终于心满意足地打着哈欠离开了。而旁边刚才的那只狼正夹紧尾巴，焦急而又安静地一直等待着这个时刻的到来呢！

熊一离开，狼就飞一般扑到马的尸体旁。

狼也吃饱了，接着，狐狸又迫不及待地飞奔过来。

狐狸也吃饱了，雕鸮又飞了过来。

雕鸮吃饱了，这才轮到最早的来客——乌鸦们吃大餐了。

此时，天渐渐露出了微微的亮色，这一顿美味的免费大餐也已经被吃得干干净净了，只残存了一点马骨头，散落在地上。

芽过冬的地方

现在，所有的植物都处于昏昏沉沉的睡眠状态当中，没有醒来，但它们并不是无知觉的，它们早已为迎接温暖的春天的到来，做好了一切准备，嫩芽也早已蓄势待发了。

可是，这些娇嫩的芽是在哪里度过冬天的呢？

其实，树木的嫩芽都是在半空中度过寒冬的。而且各种草的芽都选择了最适合自己的方法来过冬。

例如林繁缕，它的叶子在秋天早就枯萎变黄了，整个看起来好像死掉了一般。其实仔细看，芽还鲜活得很呢，颜色嫩绿嫩绿的，它们就躲在枯黄的茎叶间过冬。

而触须菊、卷耳、石蚕草，还有许多其他矮小的草，它们依靠厚厚的积雪的覆盖，保全了嫩芽，连它们自己也安然无恙呢！它们正准备以绿色的盛装迎接春天的来临。

这些小草的芽，虽然看起来都那么矮小脆弱，但却都是在地上过冬的。

其实，草的芽也都有属于自己的独特的过冬本领呢！

去年的艾蒿、牵牛花、草藤、金梅草和立金花，全都会在地面上过冬，不过，它们的嫩芽可都是被一小丛一小丛的绿色叶簇紧紧实实地包围着的。这些草只等待春天的来临，准备以全身的嫩绿从雪被子下钻出来，给春天一个完美的亮相。还有许多非同一般的草，它们的嫩芽全都在地底下保全着。像鹅掌草、铃兰、舞鹤草、柳穿鱼、狭叶柳叶菜、款冬等，这些草的芽，都是附着在根状茎上来过冬的；野大蒜、野葱等的芽，则是依托在鳞茎上度过严寒冬季的；紫堇的芽则躲藏在小块茎的怀抱中过冬。

陆地上那些植物的芽，就是在这些地方过冬的；而那些水生植物的芽，则可以把自己深深埋藏在池底或湖底的肥沃淤泥里，美美地睡上一个冬天。【**拟人：**把水生植物的芽比拟成“人”，赋予其人的感觉和意识，生动地刻画出这些芽冬眠时的舒适和惬意。】

不速之客

在那漫长的受冻挨饿的寒冷冬季里，树林中的各种飞禽走兽，都会聚集到居民的住宅附近，因为它们在这些地方比较容易找到一些东西来填饱肚子，可以依靠捡拾并食用一些垃圾来度日。

饥饿催生勇气，那些饿极了的鸟兽会变得特别大胆，就连那些平日里很怯懦的林中居民也变得大胆起来。

黑琴鸡和灰山鹑常悄悄地溜进打谷场，甚至进入谷仓；欧兔到菜园里来；白鼬和伶鼬钻进人家的地窖里捉老鼠；雪兔也壮起胆来，跑到村边的干草垛里闷头大吃。有一天，我们《森林报》的通讯员一打开自己居住的小木屋的门，竟然有一只山雀堂而皇之地从大门飞了进来。它通身披着黄色的羽毛，脸颊却是白白的，胸脯处有一些黑色花纹点缀其间。【**外形描写：**对羽毛的颜色、脸颊和胸脯的描绘真实具体地写出了山雀的长相，让人感觉出山雀的美丽活泼，描写细腻，观察仔细。】它跳上餐桌，敏捷地啄食着食物的碎屑，即使看到有人也毫无惧色。

森林通讯员打开小木屋的门，一只山雀飞了进来，在餐桌上啄食食物的碎屑

主人看见后轻轻关上房门，那只山雀就成了他的小俘虏。

它就这样一直待在小木屋里，足足有一个星期呢！在屋里没人管束它，也没人喂它东西吃，可是它的身体却日渐丰腴起来。它一天到晚忙个不停，从早到晚地在屋里找东西吃。在屋角处，它找到了蟋蟀；在地板缝隙里，它搜寻到了苍蝇，还有食物碎屑；晚上，它就栖息在大火炕背面温暖的缝隙里。

这整整一周的时间，屋子里的苍蝇和蟑螂全都被它吃光了。于是，它开始啄食面包，还有书本哪，小盒子呀，软木塞什么的，总之不论是什么东西，只要被它发现了，全都会被它啄得乱七八糟。

这时，无奈的房屋主人不得不打开房门，让这位毫不客气的小客人离开。

和爸爸去打猎

天刚亮不久，爸爸就带上我去打猎了。这么个大清早，天可是真冷啊！雪地上布满了各种脚印，爸爸看了看地面，说："这些脚印很新鲜，是刚踩出来的。离这里不远的地方肯定躲着一只兔子。"

爸爸吩咐我沿着脚印走下去，他则静静地守候在那里。兔子如果被人从它的藏身之所赶出来，总会在原地兜上几圈，然后顺着先前自己留下的脚印往回跑。冬天欧兔的毛仍是灰色的，但雪兔的毛变白了。

我低着头，顺着脚印引导的方向一直向前。地上的脚印特别多，我就这样继续前行。过了一会儿，一只躲在柳树下的兔子因我的靠近而受惊跑了出来。那只兔子惊慌失措地迅速奔跑，【**成语：**形象贴切的成语写出了兔子由于惊慌而一下子不知道怎么办才好的细腻神态。】兜着圈子，然后就踩着先前的脚印跑回去了。我焦急而兴奋地等待着枪响。时间一分一秒地溜走了。正在我心中充满疑惑的时候，突然，一声枪响从树林里传了出来。我飞快地朝着枪响的方向跑去，远远地就看见在离爸爸大概有10米远的地方，一只兔子躺在雪地上

爸爸带“我”去打猎，雪地上布满了各种脚印

一动也不动。我激动地跑上前去拾起猎物，就和爸爸高高兴兴地往家赶了。

森林通讯员　维克多·达尼列卡夫

野鼠搬迁

现在，树林子里很多野鼠的粮仓已经空空如也了。野鼠不得不离开自己的家，以便躲避那些白鼬、伶鼬、鸡貂和其他食肉动物的侵袭。

此时，大地和森林已经完全被皑皑白雪包裹了起来，就像是穿上了一件宽大的银白色外衣。【**比喻：把覆盖在大地和森林上的白雪比作“银色外衣”，生动形象地刻画出到处雪白一片、银装素裹的美丽景象，语言充满丰富的想象力。**】这里已经找不到任何可以吃的东西了。因此，一群群饥饿难忍的野鼠，纷纷逃出了树林。人们的谷仓此时危机四伏，随时都有被洗劫一空的危险。因此，人们时刻保持着高度的警惕！

伶鼬步步紧逼，追逐着野鼠。可惜，伶鼬的数量太少了，它们无法消灭数量庞大的野鼠。

赶紧盯好粮仓，千万不要让饿得发疯的啮齿类动物有机可乘，否则后果不堪设想。

林中的守法居民

如今，树林中的所有居民都在忍受着寒冬的折磨。林中的生存法则是这样的：冬天，每个居民都要绞尽脑汁，想尽一切办法来躲避严寒和饥饿，要坚定地抛掉孵育雏鸟的欲望。因为只有食物充足的夏天才是育雏的合适季节。夏季，阳光灿烂，气候适宜，关键是食物特别丰富，能让所有的林中居民都吃得饱饱的。

但是，在冬季，也并不是每一个居民都会遵守这个法则，因为总有一些动物，它们能在寒冷的冬季找到充足的食物，从而不会饿肚子。

我们的通讯员发现了一个鸟巢，它就建在一棵高大的云杉树的枝杈上，上面还布满了残存的积雪。在这个鸟巢里，正有几枚小小的鸟蛋静静地躺着。

第二天，我们的通讯员又冒着严寒去了那里。那几天天冷得让人无法忍受，他们的鼻子都被冻得红红的。当他们抬头往上看的时候，简直惊呆了。鸟巢里的蛋已经变成了几只蠕动的雏鸟，它们躺在那里，身子还是光秃秃的，眼睛都还没来得及睁开呢!

竟然会发生这样的奇事!

其实，这并不值得惊讶。这是一对交嘴鸟夫妇筑的爱巢，而里面可爱的小宝宝就是它们刚刚合力孵化出来的。

交嘴鸟这种鸟，寒冷和饥饿都对它们构不成威胁。

一年四季，不论何时，这种鸟在森林里都可以见到。它们经常在树木之间或是树林之间蹿来蹿去，彼此总是互相愉悦地打着招呼。【**拟人：把交嘴鸟之间的叫声比拟成人与人“互相愉悦地打着招呼”，让交嘴鸟具有了人的思想感情，体现出它们之间的友好关系，语言生动有趣。**】它们一年到头总是喜欢到处流浪，今天在这里，明天可能就去了那里。

春天是择偶的季节，所有的禽类都在积极寻找适合自己的伴侣，然后配成对，夫妻俩就选择一个合适的地方定居下来，一直等到雏鸟出生。

可是，此时的交嘴鸟却仍然成群结队地满树林子乱飞，不过，不论在哪里停留，它们都不会停留太长的时间。

在这个非常热闹的流浪鸟群中，一整年的时间都可以看见老鸟和小鸟在一起的温馨画面。这种景象总给人一种非常神奇的感觉，似乎这些鸟宝宝是鸟爸爸、鸟妈妈一边飞在空中，一边把它们生下来的。

这种鸟在我们列宁格勒，其实还有一个名字，就是“鹦鹉”。人们这样称呼它们，是因为它们和鹦鹉的长相非常相似，也有一身非常鲜艳的服装，而且也能像鹦鹉一样，在细木杆子上爬来爬去，就如荡秋千一样，转来转去。

雄性交嘴鸟一般都有一身大红袍，颜色有深红和浅红之分；而雌性交嘴鸟和幼鸟则是分别身着绿装和黄装。【**对比：把雄性交嘴鸟和雌性交嘴鸟、幼鸟进行对比，鲜明地体现出它们在外表“着装”上的显著差异，特征明显，有利于读者了解和辨认。**】

交嘴鸟的爪子和嘴巴都特别灵活，爪子能轻易抓取东西，嘴巴能轻松叼住东西。它们特别擅长头朝下、尾巴朝上地用小爪子紧紧抓住上面细小的树枝，然后用嘴巴咬住下面的小树枝，就以这种姿势倒挂在半空中。很神奇的是，交嘴鸟死后很久，尸体也不会腐烂。老交嘴鸟的尸体甚至可以惊人地放上20年，就连一根羽毛也不会掉，更不会腐烂变臭。这简直就像是保存完好的木乃伊一样。

还特别有趣的是，交嘴鸟的嘴巴长得很奇特。除了交嘴鸟以外，你再也找不到其他什么生物能有这样的嘴巴了。

交嘴鸟的嘴巴，上下两片交错生长着：上半片向下弯着长，下半片向上翘起来长。

交嘴鸟的所有本领，几乎都依靠这奇特的嘴巴来施展；它们创造的所有奇迹，几乎全能从这怪异的嘴巴上找到答案。

其实，交嘴鸟的嘴并不是生来就这么怪异的，它们刚生下来的时候，也跟平常的鸟一样，嘴巴直直的。可是随着慢慢长大，它们就渐渐学会了啄食云杉和松树硬球果里藏着的种子。这时，它们那还比较柔软的嘴巴就逐渐弯曲，并且形成了上下交错的样子，从此以后就一直是这个样子了。也是歪打正着，拥有这种嘴巴反而成了交嘴鸟的一种优势，交嘴鸟能很方便地把藏在球果里的种子“钳”出来。

这样一解释，大家就非常明白了。

可是为什么交嘴鸟不定居下来，总是在一片又一片树林子里流浪呢？

这其实是有原因的。因为它们需要四处寻找，看哪里能找到有又多又好的球果的树林子。比如今年，我们列宁格勒区域内的球果获得了大丰收，交嘴鸟就仿佛听到喜讯一般都来到了我们这里。而到了明年，北方如果又有别的地方球果结得好，那么交嘴鸟就又会飞到那里去。

现在你该明白，为什么在寒冷的冬季里仍然能遇见在漫天风雪中欢快地歌唱并且还孵育雏鸟的交嘴鸟了吧。

冬天，球果到处都是，它们当然可以无忧无虑地歌唱，【**成语：**“无忧无虑”把交嘴鸟在球果到处都是的情况下没有一点忧愁和顾虑的样子写了出来，描绘出它们安然自得的快乐神态。】并且孵育自己的宝宝了。巢穴里面铺着羽毛以及柔软的兽毛，暖和极了。等雌鸟产下第一枚蛋，就暂时不会再离开巢穴了。此时，雄鸟就担负起了外出觅食的重任。

雌鸟孵蛋时要一动不动，这样才能使蛋保持一定的温度。等雏鸟们一钻出

蛋壳，雌鸟就把一直保存在嗉囊里的松子和云杉的种子吐出来，用这些早已被弄软的东西来喂养幼鸟。幸运的是，一年四季，松树和云杉树上都会有多得数不清的球果。

交嘴鸟一旦结成夫妻，就会随时筑起巢，准备生儿育女。每当到了这种时候，它们就会暂时离开鸟群，不管当时是什么季节（一年当中，人们都曾找到过交嘴鸟的巢）。只要巢一搭建好，它们就会搬进去。等到雏鸟长大一点，这一大家子就重新加入鸟群当中。

那交嘴鸟死后的尸体为什么会变成“木乃伊”而不会腐烂呢?

其实，最主要的原因就是它们终生都吃球果。松子和云杉的种子上存有大量的松脂。那些吃了一辈子松子和云杉种子的老交嘴鸟，它们的身体已经完全被松脂浸透了，就如同皮靴被柏油渗透是一样的道理。它们死后尸体不会腐烂，这正是松脂起到的作用。

埃及人制作木乃伊时，正是把尸体涂满松脂，从而达到防腐的目的。

一个绝妙的冬眠之地

在一座小山上，生长着密密麻麻的小云杉树。狗熊就把家安在这里。深秋季节，它在这座小山上选了一块地方，然后用有力的爪子抓下一些细长条的云杉树皮，再把它们运到山上的一个坑里，然后再在上面铺上绵软舒适的苔藓。它又一一把坑周围那些小云杉树啃倒，让它们形成一个小棚子状，搭靠在自己的坑洞上方，最后它钻进去，安稳甜美地睡上一觉。

可惜的是，一个月的时间还没过完，猎狗就发现了它，它不得不使出浑身解数，【**成语：**“浑身解数”写出了狗熊为了摆脱猎狗的追踪，不得不把所有的本领全部使出来的样子，体现出狗熊为此所做出的巨大努力。】才好不容易从猎人手底下脱身。它想，干脆直接睡在雪地上算了，但它又一次被猎人找到了。不过，它也又一次侥幸地保住了性命。

这一次，它又隐居起来了。这次它找到的这个地方真是棒极了，再也不会有人找到它了。它躲到哪里去了呢?

狗熊在长满密密麻麻小云杉树的小山上安家

春天来临了，它醒来才发现自己原来在高高的大云杉树上睡了一大觉。先前不知何时这里有风暴袭击过这棵树，吹折的树就倒着生长，形成了一个天然的大坑。夏季，大雕曾把干枝和软草衔来铺在里面，孵完宝宝后就弃之不用了。冬天，这只狗熊为了躲避猎人和猎狗的追踪，匆忙间竟找到了这个位于半空中的“坑”——一个绝佳的冬眠之地。

我的好词好句积累卡

战栗　灰溜溜　姗姗　绞尽脑汁

伴随着一阵“咔嚓咔嚓”的牙齿撕扯皮肉的声音，一只狼快速地奔了过来。

在屋角处，它找到了蟋蟀；在地板缝隙里，它搜寻到了苍蝇，还有食物碎屑；晚上，它就栖息在大火炕背面温暖的缝隙里。

城市新闻

搭建鸟食堂

寒冬里，飞禽们可是每天都经历着寒冷和饥饿的考验呢！善良的城里人，看到这种情景就给这些鸟开办了免费的食堂。这些食堂或者搭建在院子里，或者设在自家的窗台上。他们有的用线把小块的面包、牛油什么的穿起来，悬挂在窗户外面；有的人则干脆把大筐摆到了院子里，里面放上了谷粒和面包屑。

山雀、白颊鸟、青山雀以及许多其他来此越冬的客人，纷纷来到免费食堂。有时，在这里还会见到黄雀和红雀。

丰富而有趣的学习生活

现在，不论在哪所学校里，你都会发现一个由学生建的被称为“大自然生物角”的地方。在这个生物角里你能看见各种各样的动物，它们分别被养在

各式各样的箱子、罐子和笼子里。这些动物可都是孩子们在夏季郊游的时候捕获的。现在，孩子们可真是忙得不亦乐乎呢！【**成语：**“不亦乐乎”写出了孩子们照看这些小动物时非常忙碌和快乐的样子，写出了孩子们的乐趣和爱心。】他们一边要弄各种食物来喂饱这些动物，一边还要根据每种动物的不同生活习性和兴趣爱好，给它们安排合适的住处，最后还要照看好每一位来此的小客人，以防它们溜走。生物角里的居民真可谓种类繁多，有鸟、小野兽、蛇、蛙，还有一些小的昆虫。

在一个拥有生物角的学校里，我亲眼看到了一些孩子在夏季里写的日记，那时我才真正明白，原来孩子们并不是捉动物充当玩具来取乐的，他们的行为是有一些积极意义的。

6月7日，有孩子在日记本上这样写道：“今天，我们贴出一张宣传单，号召大家把逮到的动物全部交给值日生，由值日生把它们聚集起来，集中照看。”

6月10日，值日生的记录是这样的：“啄木鸟是屠拉斯带来的，小甲虫是米龙诺夫捕获的，蚯蚓是加甫里洛夫捉到的，雅柯甫列夫带来的则是一只好看的瓢虫和一只生长在荨麻上的小甲虫，包尔萧夫费尽周折地带来一只幼小的篱雀。”

日记上几乎每天都有像这样的记录：

“6月25日，我们到池塘边去玩了。在那里我们捉到好多蜻蜓的幼虫和其他小昆虫，还有人竟然找到一只蝾螈（róng yuán）呢，这正是我们特别需要的。”

有的孩子还认真地把抓到的动物详细描述了一番：

“我们抓到了好多水蝎子、松藻虫和青蛙。青蛙有四只脚，每只脚上都长着四个脚趾。它的眼睛圆圆的、亮亮的，鼻子就如同两个小洞。它的两只耳朵大大的。【**外形描写：**以孩子的视角观察青蛙，写出了青蛙的具体特征，语言上也显现出孩子观察的细致。语言活泼、有趣。】对人类来说，青蛙可是我们友好亲密的朋友呢！”

冬天，孩子们还纷纷掏出自己的零花钱，到商店里买了几种我们这里没有的动物呢！比如说乌龟、金鱼、天竺鼠，还有长着鲜艳羽毛的各种小鸟。每当走到生物角附近，你老远就能听到里面传出的客人们乱哄哄的喧闹声：有尖厉的叫嚷声，有婉转的啼鸣，有轻柔的哼哼……那些客人有的是毛茸茸的，有的是光秃秃的，有的则全身覆盖着羽毛。总之，生物角里热闹极了，这里简直可以称得上是个小小动物园了。

孩子们还想出了另一个好主意，就是交换动物。夏天里，这一所学校的孩子们捉到的鲫鱼比较多，另一所学校的孩子则养殖了很多小兔子，多得都要放不下了。在这样的情况下，这两所学校的孩子就可以进行交换：用4条鲫鱼来换1只小兔子。

低年级学生都是按照这样的方法来做的。

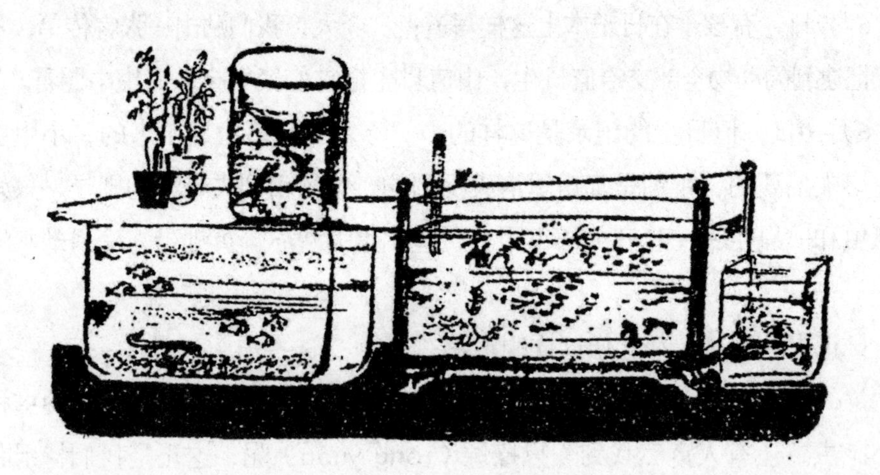

而对于那些年纪稍大的孩子来说，他们选择了另一种方式——建立他们自己的小组织。其实，几乎每所学校都有这样的少年自然科学家小组。

列宁格勒的少年宫里，也同样建立了这样的小组。每所学校几乎都选了大家认为最棒的少年自然科学家来积极参与。在那里，少年动物学家和少年植物学家一起探讨如何观察和捕猎动物，捕获后又该怎么去照顾它们；还一起研究动物标本具体是怎么制作的，植物标本又是怎么先采集再制作的。

在整整一个学年里，这些小组的成员经常去城外的各种地方郊游。夏天，小组的全体成员则集体去距离列宁格勒很远的地方。到了那里，他们要住上整

整一个月的时间，每一个成员都有非常明确的分工：属于植物学小组的成员负责采集植物标本；属于哺乳动物小组的成员就负责捕捉老鼠、刺猬、鼩鼱、小兔子和其他小野兽；属于鸟类学小组的成员则专门负责寻找鸟巢，还要细心观察鸟在里面的活动情况；属于爬虫类小组的成员则要去抓青蛙、蛇、蜥蜴和蝾螈；属于水族类小组的成员则要捕一些小鱼和其他生活在水里的动物；属于昆虫类小组的成员负责抓蝴蝶、甲虫，还担负起研究蜜蜂、黄蜂、蚂蚁的任务。

小学者们在学校里选择了一块空地，建立了自己的试验园地，在那里开辟了种植果树和林木的苗圃。他们在自己的小园子里辛勤劳作，收获的季节里总能收获自己的劳动果实。

他们还把这一切都详细地记录下来，写在了自己的日记里，认真描述了自己观察到的各种细节和具体的工作情况。

无论是刮风、下雨、降露、酷暑这些自然现象，田野、草地、江河、湖泊和森林这些大自然中的事物，还是生活在人类聚居区——集体农庄里的庄员们的田间劳作，所有这一切，少年自然科学家们都在认真仔细地观察。他们的工作可不容小觑，这其实是对我们伟大祖国丰富多彩的物产资源所做的最初的考察。

在我国，新一代的科学家、勘探工作者、猎人、自然改造者正在慢慢成长起来。这刚成长起来的崭新一代是充满智慧的一代，是精力充沛、朝气蓬勃而又具有创造力的一代。【**成语：**“朝气蓬勃”一词把刚刚成长起来的崭新一代所具有的青春活力和积极乐观的态度生动地呈现出来，写出了年轻人所具有的特点。】

12岁的树

今年我12岁了。在我居住的这座城市的大街上，种着一些槭树，那些槭树都和我同岁呢！那些槭树是在我出生的那天，少年自然科学家们亲手种植的。

你们快看，那些槭树长得可真快呀，都已经是我身高的两倍了！

谢辽沙

学生们在试验园地里辛勤劳作

写一写，练一练

选词填空

观察　　　　　　　　考察

（1）他们的工作可不容小觑，这其实是对我们伟大祖国丰富多彩的物产资源所做的最初的（　　）。

（2）他在认真仔细地（　　）雪地上的脚印。

钓钩从不落空！

你会想到冬天还有人钓鱼吗？这可太不可思议了。

奇怪的是，冬天里钓鱼的人还真是不少呢！冬天里，鲫鱼、冬穴鱼、鲤鱼都是懒懒的，很早就进入了冬眠状态；但鱼类不是像我们想的那样，都这样懒惰地进入冬眠状态。其实有很多种鱼，只是在寒冬最冷的时候才去睡觉，而山鲶鱼整个冬天都不睡，最让人称奇的是，它们还会在冬天的1月、2月里产下卵。有句法国俗语是这样说的："睡觉睡觉，不吃也饱。"那些不睡觉的鱼，是要想办法填饱肚子的。

你如果想要钓到冰层底下的鱼，而且钓最好的、最多的鱼的话，那就要使用那种形似小鱼的鱼钩。那种鱼钩可是用金属制成的！用那种鱼钩来钓鲈鱼，是十分有效的。只是要想找到鲈鱼聚居的地方，那可不是一件容易的事。在不熟悉的江河、湖泊上钓鱼的时候，人们就只能根据一些比较明显的迹象来做初步判断，大概确定好位置后，在冰面上凿出几个小洞，先把鱼钩放下去，试探一下鱼会不会来吃鱼食。

要想知道某一处冰层下面是不是有鱼，一般要这样做：

在那种拥有又高又陡的河岸的弯曲河道里，一般情况下，河中央都会有个

很深的坑。这样，当天气开始降温变冷的时候，鲈鱼就会成群结队地来到大坑里避寒。或者，那种有流经丛林的清澈小溪流入的湖水或河水，一般会在湖口或河口附近相对较低的地方形成一个低洼的坑，这样的地方也是鱼类过冬的首选之地。芦苇这类水生植物，通常喜欢生长在湖或小河这类水较浅的地方，那些天然的洼坑一般都处在芦苇丛的外围，那种有深坑的地方，通常都是鱼过冬时最喜欢选择的地方。

选择在冬天钓鱼的人们，会使用镶木把的铁梃（tǐng）在冰面上凿出一个小洞，洞口直径为20厘米~25厘米，把金属材料做成的小鱼形状的鱼钩拴在细筋或棕丝的一头，然后放进刚刚凿好的冰窟窿里。把它直直地放下去，一直到鱼钩沉到水底，这时根据放的鱼线判断一下水的深度。这一切完成以后，钓鱼的人就开始非常熟练地在岸边不停地上下拉动鱼钩。只是每次往下放的时候，鱼钩就不能再放到水底了。垂在水里的小鱼形状的鱼钩就这样在水中一摇一摆地漂荡着，还一闪一闪的，就像是一条活鱼似的那么显眼，吸引着那些鲈鱼前来聚拢。馋嘴的鲈鱼总是很害怕这条看起来很美味的小鱼从嘴边溜走，于是就猛地扑上去，并张开大嘴一下子把“小鱼”吞了下去。【**动作描写：**通过对鲈鱼吞吃“小鱼”的具体过程的描绘，细致地体现出鲈鱼贪吃的可爱样子，也体现出鲈鱼吞吃“小鱼”时的力度。】这样一来，鲈鱼就把那个小鱼形状的鱼钩吞到了肚子里，鲈鱼也就变成了钓鱼人餐桌上的美味。如果待在一个地方老是没有鱼上钩，钓鱼的人就会另选地方，到别的地方重新凿出一个新的冰窟窿，接着做一系列同样的工作。

有“夜游神”之称的山鲶鱼，和鲈鱼不太一样，要捕捉它们，得选择一种别的冰下捕鱼工具。这里所说的别的冰下捕鱼工具，其实就是一个像网一样的工具，很小巧。钓鱼的人先找一根绳子，再在绳子上面系上三五根线绳，每根线绳之间留有大约70厘米的距离。鱼钩上挂上诱人的饵料，比如挂上一条小鱼，或者仅仅是一小块鱼肉，又或者是一条蚯蚓（山鲶鱼非常爱吃）。在绳子的末端拴上一个稍微重些的坠子，只要把坠子往冰窟窿里一甩，绳子就能在坠子的带领下一直垂到水底。这些垂在水底的挂在鱼钩上的新鲜鱼饵，随着冰下水流的涌动，一晃一晃的，非常诱人，就像是招待客人的美味大餐。【**比喻：把鱼饵比作“招待客人的美味大餐”，形象地写出了鱼饵的新鲜和诱人，比喻贴切，语言生动，具有想象力。**】绳子的上端拴着一根小木棍，钓鱼的人就简单地把这根小木棍往冰面上一架，等它被冻住后，钓鱼的人就可以无后顾之忧地离开了。等到第二天，他们就可以前来收获鱼钩上的鱼了。

钓山鲶鱼最省心的地方在于：钓鱼的人不用像钓鲈鱼那样，要一直等在河边，长时间受累挨冻。第二天早晨，他们只要一来到冰窟窿前，往上一提那根露在外面支撑着的小木棍，绳子上就已经挂着一条很长很大的山鲶鱼了——它浑身黏糊糊的，还有像老虎一样的斑纹，身体两侧显得很扁，宽下巴上还长着长长的须子。【**外性描写：通过对山鲶鱼身上的黏度、斑纹、扁扁的身形、宽下巴、长须子等角度进行描写，把山鲶鱼的特征鲜明地刻画了出来，描写真实而具体。**】

我的读后感

通过阅读这篇短文，我明白了很多钓鱼的方法，真希望有一天我也能根据不同鱼的不同特点选择正确的钓鱼方法，真有点迫不及待地想试试了！

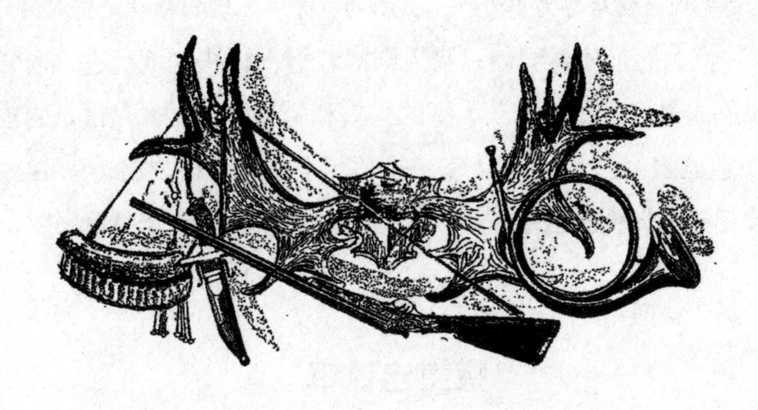

林中狩猎

冬天是捕获大型猛兽的最好时节，可以捕获狼、熊这样的动物。

一年中最难挨的日子在冬天即将结束的时候，那时，森林里几乎什么吃的都没有了，是饥荒闹得最厉害的时候。饥饿让狼的胆子变得出奇大，它们被饥饿催逼着，甚至敢到人口密集的村庄附近四处游荡，【**动词：**“游荡”一词贴切地形容出了狼在饥饿难忍的情况下到村庄附近奔走的大胆行为，也体现出它们的狡猾本性，用词充满动感。】寻找一切可以充饥的食物。至于那些懒洋洋的熊，有的躺在洞里蒙头大睡，有的则在森林里胡乱地游荡。在深秋时节，天气越来越冷的时候，有一些四处游荡的熊会专门啃咬其他动物的尸体，或者靠偷袭家畜来度日。因为那时，它们还没有为冬眠做好充足的准备，可是冬天就已经来到眼前了。因此，熊只好在寒风中四处游荡，寻找食物。还有一些熊则是在舒适的冬眠过程中受到了外界的惊扰而被迫离家，它们也不得不在外面游荡。因为原来的旧洞它们是没有胆量再回去了，可是它们又不想费神为自己建造一个新的洞穴。

对付这种“游荡熊”，猎人们就一定要踏上滑雪板，随身带上好助手——猎狗。猎狗看见目标后会踏着深雪对其穷追不舍，【**成语：**“穷追不舍”生动地刻画出猎狗见到猎物后奋力追赶、不放松的样子，体现出猎狗是猎人的好帮手这一特点。】一直到追上才肯罢休；猎人则滑着滑雪板快速地行进，紧紧跟住猎狗，等待猎熊的最佳时机。捕获大型的猛兽和猎鸟比较起来，可是困难多了，重要的是，也危险得多，经常会有一些意想不到的情况发生。有时猛兽没打到，猎人或是猎狗却被猛兽给咬伤了，这种事情在我们这里时有发生，并不罕见。

猪崽当诱饵

夜深人静的时候，孤身一人深入森林去打猎简直是一件太危险的事情，有几个人敢在深夜独自到荒郊野外去呢？

但是，有一天还真有这么一个人出现了，他的胆子真是太大了。一天晚上，夜空中明月朗照，星星稀稀落落点缀其间，【**形容词：**“稀稀落落”一词，形象具体地把晴朗夜空中星星分布的样子真实地呈现在读者面前，同时给人以向往的美感，用语贴切朴实。】他赶着一辆拉着雪橇的马车独自静悄悄地出了村子。雪橇上还拉着一个很大很重的麻袋，麻袋里面竟然是一只小猪崽。

最近常有很多狼在村子周围转悠，村里的农民老是向他抱怨狼胆大妄为，竟然不知死活地闯进了村子。

猎人不一会儿就偏离了大道，他驱赶着雪橇不停地沿着森林的边缘向着那片荒野奔去。

他一边紧紧攥住缰绳，一边时不时地扯几下猪崽的大耳朵。被结实地捆绑住四肢的猪崽老老实实地躺在麻袋里，只有它的那个大脑袋露在外面。猎人带着猪崽来打猎，就是想利用猪崽的叫唤声把狼给引诱出来。猪崽的耳朵还很娇嫩，只要用手轻轻一拽，猪崽就会不停地尖叫。

果然，事情不出他的预料。才过了不大一会儿工夫，猎人就看见前方的树林子里好像出现了一个个绿幽幽的小灯泡。【**比喻：把黑夜中狼的眼睛比作“绿幽幽的小灯泡”，真实生动地刻画出狼的眼睛在黑夜中闪着绿光的可怕样子，语言具有极强的表现力和想象力。**】这些小灯泡不停地在黑乎乎的树林子里闪烁，一会儿在这边亮起来，一会儿又跑到那边去了。你一定猜得出，这些小灯泡可不是别的，正是狼的眼睛，正在放着光呢！

马的感觉非常灵敏，它被吓得嘶叫不止，接着就没命地向前飞奔。猎人费了九牛二虎之力才把马的缰绳拽住，他的另一只手还是在不停地揪着猪崽的耳朵，毕竟狼不管再怎么大胆，也不敢往载着人的雪橇上扑。但是，雪橇上猪崽的叫声诱惑着狼，狼暂时忘记了恐惧，鲜嫩肥美的猪崽肉恐怕已经让狼垂涎三尺了吧。【**成语：“垂涎三尺”把狼听到小猪崽的叫声后口水直流的样子描绘了出来，生动地写出了它们极其贪婪的样子。**】只要有只猪崽在眼前晃动，狼恐怕早就已把所面临的危险全都抛到九霄云外去了。

看着眼前的景象，狼明白了：有一只被长绳子拴住的大麻袋被拖在雪橇后面，雪橇经过凹凸不平的地面时，麻袋还会不停地上下跳跃。其实，麻袋里装的是干草和猪崽的一些粪便，好让狼以为那就是猪崽，因为猪崽真实的叫声和猪崽的气味早已让狼确信无疑了。

于是，狼觉得为了能吃到可口的小猪，冒点险是很值得的。因此，它们一下子全从林子里跑了出来，一起向着雪橇扑过去。啊，一共有8只结实健壮的大狼呢！

从猎人的方向看过去，这些狼在空旷的田野里显得个子很大，而且在皎洁

月光的照耀下，它们身上的皮毛显得油光锃亮，十分耀眼，并且个个膘肥体壮，【形容词："膘肥体壮"一词准确地形容出了那些大狼的体格状况，突出表现了猎人面临的可怕场面，也为下文猎人的遇险做了铺垫，词语凝练而生动。】比实际上看起来大多了。

此时，猎人一边松开猪崽的耳朵，一边快速地抄起猎枪。速度极快的那只狼眼看就要追上翻滚着的装干草的大麻袋了。猎人抓住时机，举枪瞄准了狼的肩胛骨下面，扣动了扳机。随着一声枪响，那只狼应声倒地，不停地在雪地上翻滚着，猎人紧接着用另一个枪筒瞄准第二只狼射击了。可是就在这个时候，受惊的马猛然向前一纵身，【动词："纵身"真实地反映了当时马被狼和枪声惊吓后猛然使劲往前奔跑的样子，用词贴切。】使得刚才这一枪打偏了。

猎人拼命拽住缰绳，把马停住，可是刚才的狼群听到枪声后转眼跑得没了踪影。地上只有那只中弹的狼在垂死挣扎，痛苦得用后脚没命地刨雪。此时，马已经完全被猎人勒住停稳了，他空身一人走下雪橇，去捡那只被打中的狼，枪和猪崽都留在了雪橇上。

就在那天夜里，奇怪的事情随之发生了：猎人的马自个儿拉着雪橇跑回了村子，雪橇上只有一管没装子弹的双筒猎枪和一只被捆住四肢的猪崽，猎人却

猎人扛着被打死的狼向马拉的雪橇走去

没了踪影，只有猪崽还在不停地哀嚎着。

等到天一亮，村子里的人纷纷到郊野去寻找猎人。等到他们到达那片树林时，看见了雪地上留下的痕迹，就对昨天深夜发生的事了然于心了。

具体情况应该是这样的：

正当猎人捡起打死的狼，扛上肩头，【动词："扛上"一词形象地说明了被打死的狼体重之大，也印证了前面所说的"膘肥体壮"这一特征，词语朴实无华，但将狼的特征刻画得准确而具体。】朝着雪橇走去的时候，刚一靠近，马就被身后传来的狼的血腥味吓得浑身发抖，疯了一般向前冲去，飞快地跑了。

就这样，猎人背着死狼被孤单地留在了荒野里。而此时，他身上什么武器也没有，枪被马拉的雪橇带走了。

然而，狂奔不止的狼也渐渐镇定下来。它们都掉转头，又跑出了森林。猎人就这样被它们包围了。

去寻找猎人的农民在雪地上发现了一些人的骨头和狼的骨头，可以证实，那群贪婪凶狠的狼竟然连自己死掉的同伴也一起给吞掉了。

这件不幸的事情离现在已经60年了。从那以后，再也没有狼吃人的事情发生了。如果狼当时不是发狂或受到了伤害，那它们是不会如此狂妄的，即使是不带枪的人，它们看见了也是会害怕的。

猎熊历险

有一次，一个猎人在猎熊的过程中发生了不幸的事情。

一天，一个森林守卫员发现了一个熊洞，于是他到城里请来了一个猎人，和猎人一起来的还有两只健壮的北极犬。猎人顺着森林守卫员所指的方向，悄悄来到了一个大雪堆前，熊正在雪堆下面蒙头大睡呢！

猎人依照平时的打猎规矩，在雪堆的一边站了下来。通常情况下，熊的洞口总是朝着太阳升起的方向。如果熊受到惊扰从雪底下猛地蹿出来，那么这时它总是向南侧飞奔。猎人选定的站立位置，一定要恰到好处地举枪就能射中熊

的肋部，那里正是它的要害部位——心脏的所在处。

森林守卫员就躲在高高的雪堆背后，他松开了两只猎狗。

猎狗闻到了野兽散发出来的气味，它们疯了一般扑向雪堆。

两只猎狗大声而凶狠地狂吠着，【**动词**：“狂吠”一词从声音和神态的角度描绘出猎狗发现目标后的具体情况，给人以生动的印象，而猎狗的形象也顿时鲜活起来。】睡觉的熊一定会被惊醒的。可是，两只猎狗对着熊洞狂躁地吼了半天，洞里也没有传出任何动静。

又等了一会儿，突然，雪堆里冒出了一个大大的黑脚掌，指甲长长的、尖尖的。有一只猎狗差一点就被它给逮住了，猎狗吓得尖叫着慌忙逃到了一边。

紧接着，发怒的熊猛然从雪堆里蹿了出来，它看起来简直就像一座黑乎乎的小山。【**夸张**：运用夸张的修辞手法把熊身体的庞大鲜明而具体地呈现在读者面前，语言富有表现力。】这一次，它并没有像往常那样闪向一边，而是直接向着猎人的方向扑过来。

熊的脑袋耷拉着，遮住了它厚厚的胸脯。

惊慌的猎人本能地扣动了扳机。

射出的子弹擦过熊的坚硬的脑袋，飞向了一边。这畜生的脑袋上突然挨了这么重的一下子，它马上愤怒了，疯狂地冲上去，把猎人猛地掀翻在地，【**动词**：“掀翻”一词准确并充满力度地刻画出熊疯狂的样子，以及它力大无穷的特点，词语富有动感，准确形象。】两脚朝天，然后它又重重地压在了猎人身上。

两只猎狗看到这种情景，就拼命地咬住熊屁股，狠狠地撕扯它厚实的皮毛，可这么做全都是白费力气。

一旁的森林守卫员被眼前的场景吓呆了，他一边发出声嘶力竭的求救声，

【成语：“声嘶力竭”把森林守卫员受到惊吓后嗓子喊哑、力气用尽、仍然竭力呼喊的神态真实地表现了出来。】一边挥舞着猎枪，然而他所做的这一切仍然不起任何作用。大家都明白，此时是绝对不能开枪的，毕竟熊和猎人离得太近了，子弹可不长眼睛，有可能打不到熊，反而打到了猎人。

只见愤怒的熊伸出巨大厚实的大脚掌，用力一扯，猎人的帽子连同头发和头皮一起被抓了下来。

接着，熊猛地歪向一边，在雪地上痛苦地翻滚着，地面上的雪立即被染得通红。原来受伤的猎人当时并没有完全慌神，他不知何时拔出了锋利的短刀，以极快的速度将刀捅进了熊的肚子里。

猎人的命侥幸保住了。从那以后，那张熊皮就一直挂在他的床头。只是猎人以后出去的时候，头上总是围着一条厚厚的头巾。

猎熊

1月27日，塞索伊奇从森林里出来后并没有回家，他直接去了附近的集体农庄。原来他是去邮局给在列宁格勒的一位朋友发电报，这朋友是位医生，也是个猎熊的专家。电报的内容是这样的：“发现熊洞。速来。”第二天，他就收到了朋友的来电：“2月1日准到，3人。”

这几天，塞索伊奇每天都去探察熊洞的状况。在洞口处，他发现小灌木丛上有新凝结成的霜花，这肯定是熊呼吸时产生的热气，在洞口处遇到冷气形成的。这就足以证明，熊还一直待在洞穴内酣睡呢！【动词：“酣睡”一词是熊处于冬眠状态的真实写照，同时也给人一种熊很憨笨的感觉，使熊的形象更真实、具体。】

1月30日那天，塞索伊奇又去探察了熊洞，在返回的路上他恰巧碰见了安德烈和谢尔盖，他们和塞索伊奇是同一个集体农庄的成员。这两个年轻猎人正准备去森林里猎灰鼠。塞索伊奇本来想提醒他们，千万不要去熊洞那边。可是他转念一想：这两个猎人都是年轻人，有很强的好奇心，特别容易冲动，说不定提醒了他们，反而会激起他们想要一探究竟的欲望，他们便会去招惹狗熊

呢！于是他忍住了，连一句有“熊”字的话都没说。

1月31日这天一大早，他又去了熊洞那边查看，结果令他大吃一惊：熊洞已经被毁坏了，熊当然也就跑得不见踪影了。塞索伊奇观察了一下四周，发现距离熊洞约50步的地方，有一棵松树歪倒在地上。塞索伊奇猜测，这可能是谢尔盖和安德烈打死了树上的灰鼠，结果被打中的灰鼠挂在树枝上掉不下来，他们两个人为了拿到猎物，干脆把松树砍倒了。熊听到巨大的砍树声后被惊醒了，于是惊慌得跑掉了。

塞索伊奇看见地上有两个猎人滑雪时留下的痕迹，这痕迹正是朝着这棵歪倒的松树这边来的，而熊受惊逃跑的脚印则直接通到了歪倒松树的另一个方向。此时熊恰好被茂密的小云杉树遮挡，因此，那两个年轻人并没有发现它，也就没有去追赶。

塞索伊奇一刻也不敢耽搁，立马沿着地上熊留下的脚印追赶了过去。

第二天晚上，塞索伊奇家里来了3位列宁格勒的客人。其中一个就是他的医生朋友，另一个塞索伊奇也认识，那是一位上校，是医生的朋友。还有一个人，猛一见到，塞索伊奇就觉得不舒服，此人给人一种举止沉稳的感觉，身材高大健壮，嘴边还留着两撇小胡子，漆黑油亮的，他两腮的胡子也修得非常整齐。【外貌描写：通过对身材、胡子等的具体描述，把这位年轻猎人的整体形象刻画了出来，让读者对他有一个初步的认识和判断，语言细腻传神。】

“怎么如此溜光水滑的样子呢？”塞索伊奇暗中打量着眼前这个人，心中还不停地想，“他看着年纪不大呀，只是黄口鸭子，还太嫩，满脸红光，还趾高气扬的。哎，哪怕是有几根白头发，他也会显得肚子里有点经验哪！”【心理描写：塞索伊奇这一系列的内心独白生动地体现出他对这位猎人的不喜之情，语言活泼、通俗，充满趣味。】

塞索伊奇感到很郁闷，心想：“不能在这个傲慢的城里人面前说出实情，要是让他知道是由于我的粗心大意熊才跑了，那我岂不是太没面子了！”于是，他干脆把那一段意外省去，直接说已经发现了熊藏身的树林，并且还没发现有熊走出树林的痕迹。不过这会儿，熊应该比较警惕了，所以熊肯定还躲在那片树林里没出来，现在也只好用围猎的方法来逮住它了。

那个沉稳的陌生人听他说完，皱了下眉头，带着轻蔑的表情，什么话也没说。【神态描写：用简单的语句生动地刻画出这个陌生人傲慢和自大的神态，语言传神而细腻。】过了一会儿他只低声问了一句：“那只熊估计能有多大？”

塞索伊奇答道：“看那脚印子可不小，我敢保证那畜生有200千克，还只多不少呢！”

那陌生人听完，很神气地耸了耸肩膀。他的肩膀有些特别，看起来就像是十字架一般，直挺挺的。他也没瞧一眼塞索伊奇，就自顾自地说：“本来不是说请我们来掏熊洞的吗？如今怎么成了围猎了？围猎的人能否把熊给赶到枪口前，还说不定呢！”

这个傲慢无礼的年轻人的怀疑，深深刺痛了小个子猎人。但是，他没有吭声，只是在心里嘀咕：“撵熊肯定没有问题，反而是你，得小心点，到时候可别让熊把你的傲慢给吓跑了！”

于是这几个人开始讨论如何进行围猎，塞索伊奇提醒他们说："这个野兽太大了，我觉得每位猎手身后有必要再跟一个射击手。"

那个自负的年轻人立刻说道："要是对自己的枪法不自信，那干吗还要去猎熊！猎人身后还要请个保镖保护，这能算是打猎吗？"【**语言描写：**充满傲气的回答真实地体现出这个年轻猎人自负的性格，也含蓄地表明塞索伊奇不喜欢他的原因。】

"这个人胆子不小哇！"塞索伊奇暗暗想道。

这时上校非常诚恳地说："我觉得还是谨慎为妙，安排一个后备射击手稳妥些，也不碍事，关键时刻总能搭把手。"医生很赞成他的说法。那个人又傲慢地显露出一副很不屑一顾的样子，耸了耸肩膀，很轻蔑地说："哼，你们这些人的胆子就这么小吗？那好，就依你们，你们要怎样就怎样吧！"

第二天，天朦朦胧胧的，【**形容词：**"朦朦胧胧"一词暗示了塞索伊奇很早就起床开始做准备了，也暗示出他是一位非常有能力有计划的猎人。】还没完全亮，塞索伊奇就把那3个猎人叫醒了，并把许多帮忙围猎的人给召集到一起。

他一回到那个小木屋，就发现那个大模大样的人取出了两管猎枪，这两把猎枪就放在一个绿色的看起来很轻巧的小箱子里，那个箱子和一般人用来装小提琴的匣子那样大小。塞索伊奇立刻惊呆了：啊，这猎枪简直太棒了！他这么一大把年纪了，还从来没见过呢！

那个人把猎枪收好，又从那个精致的箱子里拿出一个弹筒，那个弹筒闪着亮光，里面装着两种子弹——尖头的和钝头的。他手里一边摆弄着这些东西，一边不停地向上校和医生炫耀，夸他的猎枪是多么精致，子弹有多厉害；他如何在高加索猎取野猪，又怎样在远东地区打老虎这类凶猛的野兽。

塞索伊奇脸上挂着很不以为然的神情，【成语：“不以为然”表达出塞索伊奇对年轻陌生人的不认同，对他的行为表示不同意或否定，真实地流露出塞索伊奇内心的情感。】实际上，他内心羡慕得很，觉得自己比他矮一大截似的。他的心里是多么渴望好好欣赏一下这两管猎枪啊，可是最终他也没拉下脸来去求人家。

天蒙蒙亮的时候，一大队雪橇浩浩荡荡地从集体农庄里出来了，每辆雪橇上都拉着必需品，向着远处的树林出发了。塞索伊奇就坐在最前面的雪橇上，中间是那40个帮忙赶围的人，那3位客人则坐在最后的雪橇上。

在离熊躲藏的树林大约还有1000米时，大队人马停了下来。猎人们下车来到了路途中的一个小土坯房，点上木柴取暖。

塞索伊奇驾着雪橇跑到前面仔细观察了一番，然后安排赶围的人。

似乎一切正常，什么意外也没发生，熊仍然在包围圈里，没有逃跑。

和围猎兔子相比，围猎熊可就不那么容易了。负责赶围的人并不会进入树林进行包抄，而是一直站在原来的地方不动，在整个围猎的过程中都是如此。喊口号的人站在树林两侧，从叫喊的人站的地方开始，一直站到狙击线的位置，这是防止熊被叫喊声引出来以后，不往前蹿，反而折向一边。两侧的人不能叫喊，如果熊恰好奔向他们，那么他们就脱下帽子朝着熊挥舞。这样一来，他们就会把熊赶到狙击线的方向去。【**场面描写：**用具体详细的语言把如何围猎熊的步骤清晰地告诉读者，让人有一种井井有条的感觉。】

把赶围的人安排好之后，塞索伊奇又回到猎人们的所在地，和他们一起站在狙击点上。

一共有3个狙击地点，彼此之间相距25步到30步。大伙必须把熊赶到这条很窄的通道上来，通道大概只有100步宽。

塞索伊奇是这样安排的：一号狙击点站着医生，三号狙击点站着上校，而那位神气的城里人则站在中间，也就是第二个狙击点上。这里有熊进入树林的脚印，熊如果再次出现，大多会沿着自己原来留下的脚印走。

年轻的猎人安德烈被安排站在神气的城里人身后。和谢尔盖相比，安德烈更有经验，而且更稳重，能沉住气。因此，安德烈被选为城里人的后备射手。

后备射手只有在特定时刻才有开枪的权力，即野兽突破狙击线，或是扑上了前面的猎人时。

所有的射手都身着灰布罩衫。塞索伊奇最后一次警告和嘱咐他们：不能说笑，也不能抽烟；当赶围的人开始大声叫喊的时候，其他人一定不能弄出声响，要尽量让那只熊走得更近，到那时再动手。塞索伊奇说完就立马跑到赶围的人那边去了。

令人难挨的半个钟头过去了，树林的对面终于传来了猎人的号角声，拉长的低沉音调，此时一下子传遍了积雪覆盖着的这片树林。那号角声在树林子里久久不散，仿佛被冻结在冰冷的空气中一般。【**夸张：**用夸张的修辞手法写出了号角声在树林子里一直回荡的具体情形，语言生动，充满想象力。】

过了大约一分钟，突然，赶围的人全部呐喊起来，他们叫嚷着，呼喊着，声嘶力竭地喊着口号。有的声音听起来就像拉汽笛一样，是呜呜的低音；有的听起来是汪汪的狗叫；有的是喵喵的声音，就像是猫在打架一样。【**排比：用富有气势的排比把赶围的人的各种呼喊声生动地刻画了出来，把抽象的声音描写得具体化，让人有一个形象的认识。**】

吹完号角，塞索伊奇就和谢尔盖一起滑着滑雪板，飞快地向树林里滑去，准备撵熊。

围猎熊确实太难了，不像围猎兔子那样简单。那些一起来赶围的人被分成叫喊的人和不叫喊的人，除此之外还要有人负责撵熊。撵熊人的主要任务就是把熊从它的藏身之地撵出来，好让它向射手的方向逃跑。

根据脚印，塞索伊奇可以判断，这只熊很大。但是，当熊那宽阔乌黑的脊背在小云杉树丛里闪现时，塞索伊奇亲眼看到熊的身影后禁不住有些发抖，他稀里糊涂地朝天开了一枪，【**成语：精准的成语真实而贴切地形容出当时塞索伊奇不明白、迷糊的样子，也说明了他当时受惊吓的程度。**】紧接着他和谢尔盖两个人都不约而同地大声喊叫起来：

“出来啦，来啦！”

围猎熊和围猎兔子有一个很大的不同点在于，围猎熊要花很长时间来准备，但用来打猎的时间却很短。要等待很长时间，而且在静静等候的时候，每时每刻都会有危险降临。因此围猎熊的时候，射手们都有种感觉，一分钟就像

一小时那样漫长而难挨。站在狙击点那里的人一动也不能动，除非熊出现了，或者听到旁边的射手开枪了，这才意味着一切都已经结束了，用不着再动手了。这罪可真够人受的！

塞索伊奇跟在熊后面穷追不舍，不愿就此放弃，拼命想让它拐弯，使它往该去的地方跑，但是他白费心机了。因为他们的速度不够快，根本撵不上熊。在树林里，积雪堆得很厚，人要是没踏上滑雪板，脚就会深陷积雪中拔不出来，根本没办法跑起来，但熊不同，它的脚掌十分宽大，走起来就像一辆坦克。熊奔跑的时候，把一路经过的灌木丛和小树什么的，全都撞得乱七八糟。它飞奔着，像一架航行于雪海上的汽艇，【**比喻：把熊比作“汽艇”，既突出了熊身躯的庞大，也体现出熊在厚厚的积雪上行走自如、速度极快的情形，语言生动，富有想象力。**】被扬起的积雪仿佛两个巨大的翅膀，扇动在它身后的两侧。

小个子猎人眼看着熊消失不见了。但是，紧接着，塞索伊奇又听到了一声枪响。

塞索伊奇赶紧抓住他近旁的一棵树，停住了脚下那滑得飞快的滑雪板，心中满是疑惑：围猎结束了吗？熊到底有没有被打死呢？

一会儿，第二声枪响又传了过来，接着是一阵凄惨的哀嚎，声音甚是痛苦和恐怖，这就算是对塞索伊奇心中疑问的答复吧！

塞索伊奇飞快地向前滑行，朝着射手们的方向赶去。

当他到达中间狙击点的时候，他一下子站在了那里，看见上校、安德烈，还有脸色惨白如雪的医生，【**形容词：“惨白如雪”真实而贴切地描绘出了医生当时受到惊吓后的脸色，也从侧面说明了当时情况的危急和凶险。**】他们正在费力地抓住熊皮，把熊从躺倒在地的第三个猎人身上抬起来。

后来，塞索伊奇才明白了事情的经过。

熊果真是沿着自己原来走进树林时留下的脚印跑过去的，直接奔向了当中的狙击点。本来应该等熊跑到离狙击点还有10步到15步远的时候，才能开枪，但是猎人没沉住气，熊离他还有60步远，他就开了枪。这只大野兽，看起来很

安德烈把自己的双筒猎枪捅到熊张开的大嘴里

笨很傻的样子，其实它奔跑起来的速度很快，所以，只有离它很近的时候才能开枪，这样才能打中它的头或者心脏。

可是猎人的那把好枪射出的达姆弹，只是击穿了熊的左后腿。一感到疼痛，熊就发起狂来，它一转眼就来到了猎人的眼前，扑到了他的身上。

猎人一下子慌了神，扔了枪准备转身逃跑，甚至连枪里还有另一颗子弹都忘记了，也忘了自己身后还有一个后备射手呢！

感到伤痛的熊，使出了浑身的力气，向着那个开枪人的后背就猛地打了一巴掌，一下子就把他掀翻在雪地上。

安德烈作为后备射手，急中生智，【**成语：“急中生智”是说安德烈在紧急的时候，猛然想出了办法，反映出他的镇定和反应敏捷。**】把自己的双筒猎枪直接捅到了熊张开的大嘴里，双机一齐扳动，准备射出去，可是意外发生了，只听见轻轻的“吧嗒”一声响，双筒猎枪竟然卡壳了。

此时，在第三个狙击点上的上校在旁边目睹了一切。当他看到同伴们正在生死边缘挣扎时，就立马开了一枪。可是他也明白，必须得打准，否则就可能打死自己的同伴。于是，上校单腿跪地，对着熊的脑袋就是一枪。

那只身躯庞大的野兽，突然挺直了上半身，在空中僵了一小会儿，后来就像一座倒塌的小山似的，【**比喻：把中弹的熊比作“倒塌的小山”，生动形象地刻画出了熊被打中后往下摔倒时的具体样子，语言传神，富有动感。**】一下子倒在了躺在它脚下的猎人身上。

上校的枪瞄得很准，正好打中了熊的太阳穴，于是，它立即毙命了。

这会儿，那个神气的猎人还不知性命如何呢！医生赶紧跑了过来，和安德烈、上校一起，使尽全身力气抓起被打死的熊，想要挪开它，把压在它身子底下的猎人给救出来。

此时，塞索伊奇正好也赶到了，他赶紧跑过去帮忙。

大家终于合力把熊沉重的尸体给挪开了，慢慢搀扶起猎人。猎人竟然还活着，而且毫发未伤，只是脸被吓得惨白惨白的。看来，熊在还没来得及扯去他的头皮时就倒下了。经过这样的一幕，这个城里人已完全丧失了先前的傲慢神气，变成了失魂落魄的样子，【**成语：**“失魂落魄”表现出那个城里人惊慌忧虑、心神不定、行动失常的样子，也体现出他所受惊吓的程度之大。】都不敢正眼看大家了。

于是，大家用雪橇运载着他，把他送回了集体农庄。他在那里情绪渐渐稳定下来，竟然不管不顾地把熊皮独占了，并且还要立即拿着熊皮回城里呢！不管医生怎么劝他在集体农庄休息一晚，他都不同意，就这么独自离开了。

塞索伊奇讲完这件事，又似乎想起了什么，就接着说：“这一次，我们肯定是被他给算计了。真不该让他把熊皮拿走，现在他又不知在什么地方四处炫耀自己的枪法呢，会说在我们这里帮我们打死了熊，除了一大害呢！”

那只熊可真大呀，差不多有300千克呢……

我的好词好句积累卡

难挨　傲慢　绿幽幽　穷追不舍　油光锃亮　浩浩荡荡

雪橇上猪崽的叫声诱惑着狼，狼暂时忘记了恐惧，鲜嫩肥美的猪崽肉恐怕已经让狼垂涎三尺了吧。

那陌生人听完，很神气地耸了耸肩膀。他的肩膀有些特别，看起来就像是十字架一般，直挺挺的。

打靶场

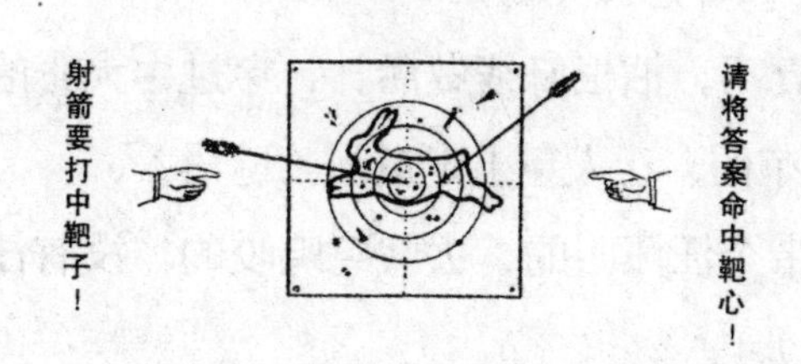

第十一期竞答题

1. 到底是胖熊还是瘦熊要躺在洞穴里冬眠？

2. 俗话说："狼靠4条腿吃饭。"这句话是什么意思？

3. 为什么人们砍的木柴，冬天的要比夏天的好？

4. 人们怎样从树桩上判断树的年龄？

5.为什么所有的猫科动物（包括家猫、野猫和猞猁）都比犬科动物（包括狼和狐狸）更喜欢干净？

6. 为什么冬天来临的时候，有许多飞禽走兽都纷纷离开树林，跑到人的居住区生活？

7. 是不是所有的乌鸦都飞到别处去过冬？

8. 蛤蟆在寒冷的冬天靠吃什么为生？

9. 被人们叫作"游荡熊"的是哪一种熊？

10. 冬天来临时蝙蝠会去哪儿过冬？

11. 冬天里，是不是所有的兔子都是白色的？

12. 交嘴鸟死后，即使在炎热的天气里，尸体也长期不腐烂，这是为什么？

13. 矮子头上戴顶帽子，这顶帽子不是毛毡做的，不是用线缝的，也不是集市上买来的。（谜语）

14. 我和沙粒一样小，却能把大地来遮盖。（谜语）

15. 圆圆的东西在桌子下面滚来滚去，但你用手却抓不着。（谜语）

16. 夏天散步，冬天休息。（谜语）

17. 猪大嫂，手真巧，抽根麻线做活计，穿过牛大哥的皮板，缠住羊小弟的毛绒袄，做出两件东西，让人穿上走道。（谜语）

18. 一个大汉，带个汪汪叫的，去找呜呜咬的。没有汪汪叫的，大汉会被呜呜咬的咬。（谜语）

19. 一位美丽的姑娘，被关在地牢里，辫子翘到了大街上。（谜语）

20. 一位老妈妈，浑身脏兮兮，全身衣服打补丁。（谜语）

21. 不用缝来不用裁，衣上褶边自来带。几十件斗篷裹得严，不用扣来不系带。（谜语）

22. 圆圆的，不是月亮；有绿叶，不是大树；有尾巴，不是老鼠。（谜语）

公 告

请关心一下那些流浪的、饥饿的森林小朋友！

在饥饿难熬、暴风雪肆虐的月份里，别忘了我们那些弱小的朋友——鸟。

每天请送些食物到鸟的食堂去（参看第九期和第十期的公告）。

要给小鸟建一些小小的旅馆：椋鸟房、山雀巢、树洞式巢什么的（参看第一期和第二期的公告）。

要给灰山鹑搭几个小棚子。

要在你的同学和朋友之间，组织起“饿鸟救济队”。

拿一点谷物，拿一点牛油，拿一点浆果，拿一点面包屑，甚至找一点蚂蚁卵。

小小的鸟能吃多少东西呢？

“锐眼”称号竞赛十

“自己看，自己讲”

请你自己看一看，然后讲一讲这里发生过什么事情。

森　林　报

极度盼春月（冬天第三月）　　　　从2月21日到3月20日

一年12个月的太阳诗篇——2月

2月，属于冬蛰月。2月来了，但天地间仍然是狂风不断，大雪飞扬，刺骨的寒风，疯狂地在雪地上呼啸不止，却不会在那里留下任何足迹。【**景物描写：**从视觉、触觉等角度细腻地描绘出2月这个月份的自然特征，也突出这个月份天气的恶劣情况。】

这是冬季里最后的一个月，但也是最恐怖最难挨的一个月。在这个月里，动物们饥寒交迫。这个月也是公狼和母狼结成夫妻的月份，是凶恶的狼群屡次偷袭村庄和城镇的月份，村子里的狗和羊，常无声无息地被它们给拖走，成了它们的美餐，几乎每天深夜，羊圈都会遭到它们的劫持和掠夺。在寒冬的最后这个月里，所有的野兽都变得形销骨立。秋天里它们养起来的肥膘，已经被消耗殆尽，几乎不能再给它们提供任何热量和营养了。小型野兽的洞穴里，也没什么食物了。

皑皑白雪，如今对许多野兽来说，已经不再是具有保温作用的朋友了，反而成了夺命的敌人。所有的树枝，几乎都不堪重负，全被厚厚的积雪给压断了。但那些野生的鸟类，比如山鹑、榛鸡、黑琴鸡什么的，它们仍然喜欢眼前这厚厚的积雪，因为它们把整个身子都钻进雪堆过夜的时候，感觉十分舒适，

又很有安全感。

动物会遇到难题，比如哪天白天温度升高，积雪就会融化，夜晚寒风来袭，气温下降，融化了的雪面上就会结成一层厚厚的冰壳。在那种情况下，如果太阳还没把冰壳晒化，那么躲在冰层下的动物，就算把脑袋撞破，也别想从底下钻出来了！

怒吼的狂风啊，【**动词：**“怒吼”一词从声音和情态的角度把狂风的猛烈形象地呈现出来，给人以丰富的想象。】肆虐的暴雪呀，冷酷地摧残着大地！在这寒冷的2月里，纷飞的大雪能把走雪橇的大道完全掩盖起来……

写一写，练一练

1. 写出下列词语的反义词。

恐怖——（　　　）　　寒冷——（　　　）

2. 给下列加点字注音。

呼啸（　　　　）　　肥膘（　　　　）

难挨的2月

森林里冬季的最后一个月来临了，这是一个让人无法忍受的、难以挨过的残冬月，堪称最艰难的月份。

林中居住的所有居民，它们的仓库都已经快空了。所有的飞禽走兽都已消瘦得皮包骨头了，皮下曾经厚厚的能供应它们热量的脂肪层已经消耗完了，长时间忍饥挨饿的日子让它们的体力日渐耗尽。

这种狂风肆虐、大雪不止的天气就好像是故意刁难这些备受折磨的鸟兽，狂风满树林子胡乱奔跑、嘶吼，天气越来越冷了。冬老人变得更加狂妄不羁，就好像是知道自己时日不多，而变本加厉地放出最酷寒的冷气，在人间进行最后的挣扎。【拟人：把冬季拟作垂死挣扎的“老人”，生动地刻画出冬季在最后时日里变得更加寒冷和难挨的真实情况，想象丰富，语言细腻。】此时，所有的飞禽走兽只有继续等待，继续忍耐，坚定信心，期盼春天快点来临。

我们的森林通讯员仔细察看了整个森林里的情况。他们为一件事而感到担心：有一些飞禽走兽看起来已经熬不到春暖花开的时候了。

他们在森林中见到了很多让人伤心的事情，饥饿和寒冷还在残酷无情地摧残着林中居民，实在受不了煎熬和折磨的，已经陆陆续续死去了。剩下的那

些到底能不能再坚持一个月还不能确定呢！当然，也有一些无忧无虑的飞禽走兽，因为它们不用担心会被冻死。

严寒索命

气温很低，再加上暴风横行的话，【**形容词：**“横行”一词真实贴切地形容出暴风刮起来时的具体样子，这一词语也流露出作者对暴风的厌恶和痛恨之情。】简直太可怕了！在这样的鬼天气里，雪地上散布着很多尸体，它们是冻死的飞禽走兽和一些昆虫的尸体。

狂风，不停地卷起树桩和倾倒的树干下的积雪，里面有很多小野兽、甲虫、蜘蛛、蜗牛和蚯蚓，它们正躲在里面避寒呢！盖在它们身上软软的、暖暖的白雪就这样一下子被狂风掀翻了，带走了温暖，它们暴露在寒风中，注定

要被冻死在刺骨的冰冷寒风里了。

当鸟飞行的时候，如果不幸遭遇了暴风雪，它们往往性命不保。乌鸦和其他鸟相比，抵抗力是比较强的。可是，如果长时间有暴风雪横行天地间，那么雪地上也常常会有许多乌鸦的尸体。

当狂风暴雪一停止，森林卫生员就立马出发，森林里的猛禽和猛兽也在四处搜寻那些被冻死的鸟兽尸体，并会把它们全部收拾干净。

玻璃般的大地

寒冷的冬季里，在一些稍微暖和一点的天气过去之后，冰雪就开始渐渐融化了，如果天气又突然降温，地面最上层刚刚有点融化的雪就会再一次结成又硬又滑的冰，冰冷冰冷的。动物柔软的爪子是绝对不可能刨开坚硬如铁的冰的；【**夸张：**运用夸张的手法把雪融化后结成的冰的坚硬程度刻画了出来，具备丰富的想象力。】鸟就算是使用它们坚硬而锐利的嘴巴，也是无法办到的；鹿坚硬有力的蹄子虽能踏破它，可是这冰层一旦破裂，那些尖利如刀的碎冰就会割破位于鹿蹄缝隙处的皮肉。

既然如此，鸟又是用什么办法来啄食位于冰层底下的那些细嫩草茎和谷粒的呢？

谁如果不具有啄破冰层的那种尖嘴，那么肯定就得饿肚子了。

有时也会发生这样的事：在一个天气稍暖的日子里，地面的雪渐渐变软，开始融化，湿漉漉的。傍晚的时候，栖息在附近的一群灰山鹑飞落下来，轻而易举地就刨开了几个小洞，【**成语：**“轻而易举”贴切地形容出雪融化后灰山鹑不费力气地就把地面刨开的样子，用词准确。】就在这小洞里蹲着睡着了，看起来那里十分温暖舒适。

天渐渐黑了下来，后半夜时，天气突然变冷。

灰山鹑们正在暖洋洋的地穴里酣然大睡，根本没有意识到外界猛然袭来的寒流。

第二天一大早，灰山鹑们一觉醒来，发觉周围虽然仍旧暖洋洋的，可是它们却有点呼吸困难。

啊，不能再待在这里了，要赶快出去呼吸新鲜空气，去寻找食物来填饱肚子。

它们使劲地扇动翅膀，试图飞起来，可是一飞，就被头顶上那层坚硬而结实的冰给硬生生地挡回来了，那层冻得像玻璃盖似的冰面使它们没有了出路。

眼前的大地广袤无垠，【成语：“广袤无垠”一词形象地写出了大地的宽广，给人以无边无际的感觉，用语凝练、简洁。】到处都是闪着亮光的光滑冰层，冰层下面是松软的雪，冰层上面一无所有。

灰山鹑们就这样一遍遍地用自己柔软的小脑壳去撞击坚硬的冰层，它们看起来傻乎乎的，最终自己的头都被撞得鲜血直流，可它们仍然不停歇，它们无论如何都要冲出这个如玻璃般的囚牢。

就算是饥肠辘辘，只要能冲出这个牢笼，获得自由，那也是上帝的宠儿。

晶莹剔透的青蛙

我们的森林通讯员来到水池边，凿开了水池表层的冰面，又挖开了水池底层的厚厚淤泥，他们看到很多冬眠的青蛙正横七竖八地躺在那里睡得正香呢！【成语：富有动感的成语把淤泥底下冬眠的青蛙有的横、有的竖、纵横杂乱的睡姿贴切地表现了出来，富有表现力。】

森林通讯员把它们从淤泥中拿了出来，看见它们简直就像是用玻璃制成的一般，稍微一碰就碎裂开来。只轻轻一动，“嘎巴”一声脆响，青蛙的小腿就断了。

森林通讯员把它们带回了家，这些冻僵的青蛙被放到了温暖的房间，等它们慢慢暖和过来后，一苏醒就开始在地板上到处乱蹦。但如果把它们拿到火旁烤，它们反而会因为温度骤变死亡。

我们可以想象，当春暖花开的季节来临，明媚温暖的阳光照着池水，冰融化了，水变暖了，青蛙们就会一一醒来，重新变得活蹦乱跳起来。

倒挂着睡觉的蝙蝠

离十月铁路萨勃林诺车站没多远的托斯那河岸上，有一个很大的岩洞，以前成群结队的人来到此处到处挖掘，现在却很少有人来了。

我们的森林通讯员来到了那个山洞，进去一看，发现山洞顶端有很多蝙蝠倒挂在那里，它们主要是兔蝠和山蝠。森林通讯员进去的时候，它们一只只正在甜甜的梦乡里睡觉呢！它们这一觉可真够长的，已经足足睡了5个月了。它们睡觉的姿势很特别，一个个头朝下，脚朝上，牢牢吸在那宽阔的坑坑洼洼的粗糙的山洞顶上。【**形容词：**“坑坑洼洼”一词真实而贴切地形容出了山洞顶端的特征，这种特征也为蝙蝠吸住洞顶创造了条件，也暗示出这里聚集着很多蝙蝠的原因。】兔蝠用自己的翅膀包裹住自己的大耳朵和整个身体，就如同盖着被子似的，就这样倒挂着沉沉地睡在梦乡里。

它们睡的时间实在太长了，很让人为它们担心哪！于是，我们的森林通讯员就当场给它们测量了脉搏和体温。

在炎热的盛夏，蝙蝠和人类拥有一样的体温，即37摄氏度左右，脉搏则是每分钟200次。

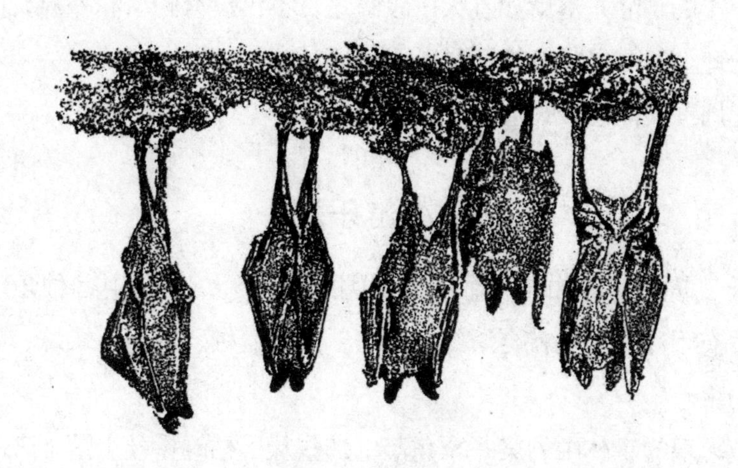

虽然如此，但我们完全不必为这些小懒虫担心，它们健康得很呢，而且它们还能继续睡一个月或两个月。等夜晚的温度越来越高，天气越来越温暖的时候，它们就会安全而平稳地苏醒过来。

寒冬里盛开的款冬

今天，我走近一个偏僻而又幽静的角落，在那里我发现了一棵款冬，它正毫无顾忌地开放着花朵。对于严寒，它没有露出一点畏惧的神色。看它那纤细柔弱的茎，【**形容词：**“纤细柔弱”一词形象地描绘出了款冬的特点，也让人产生一种怜爱之情，词语富有韵味。】好像穿着的仍然是夏季里薄薄的单衣：叶子上布满了一层毛鳞片，上面的茸毛轻软而柔和。我如今身穿厚厚的大衣还感到寒冷刺骨呢！它则却在寒风中镇定自若，【**成语：**精准的成语生动地写出了这棵纤弱的款冬在寒风中不慌不乱的坚强样子，神态逼真。】真是让人心生羡慕。

我说这些，你肯定会怀疑，眼下到处是茫茫白雪，怎么可能有我说的这种款冬呢？

我特意强调了，这棵款冬是我在一个非常僻静的角落里发现的，这个角落在一座高楼的墙根，朝着阳面的地方，而且那里恰好还有一根暖气管经过。因此，这个小小的幽静角落就如春天一般温暖，不仅没有积雪和寒风，而且下面黑黝黝的土地上还呼呼冒着热气呢！

不过，周围其他地方的空气还是冰冷的。

小小游乐场

如果天气暖和，比如在一个阳光明媚的融雪天，森林中各种角落的雪地上，各色没有耐性的动物就会纷纷钻出来，比如蚯蚓、海蛆、蜘蛛、瓢虫，还有叶蜂的幼虫。

在广袤无垠的森林中的某一个角落，那些从干枯的树枝上落下来的积雪，往往会被肆虐的狂风吹走，这样，地面上就会出现一块没有白雪覆盖的空地，于是那些大大小小的动物就会过来散步，活动活动筋骨，顺便呼吸点新鲜的空气，或者晒晒太阳。【**场面描写：**把趁着天气暖和出来活动的各种昆虫的具体活动详细地描绘了出来，语言细腻，充满想象力。】这时，这块小小的空地简直就像是它们的游乐场。

动物要各自出来活动一下早已麻木不灵的腿脚：蜘蛛是为了找点吃的来填饱肚子；那些还没长翅膀的小蚊子，这儿蹦蹦，那儿跳跳；而长了翅膀的长腿蚊子就在空中不停地挥舞翅膀，温习一下飞行的本领。【**动词：**“温习”一词拟人化地写出了蚊子出来飞行的情况，用词生动、活泼，充满趣味。】

当冷空气再次来临时，这群小生物就立即疏散开来，结束这些活动，该躲的躲，该藏的藏，可供它们藏身的地方可真不少呢，比如：败叶、枯草、苔藓等的下面都是极其安全的。

突然冒出的脑袋

在涅瓦河口芬兰湾的冰面上，一个渔夫正在缓缓前行，当他走到一个大大的冰窟窿前的时候，一个溜光水滑的脑袋突然冒了出来，这个脑袋上还长着几根稀稀落落的硬胡子。

渔夫看到这个脑袋，心想，这肯定是被淹死的人的脑袋，在水流的作用下这个脑袋才从冰窟窿里漂浮起来。可是让他吃惊的是，这个脑袋竟突然转向了他这一边。渔夫仔细瞧了一下，才看清这原来是个动物的头，脸皮紧绷绷地贴在头上，除了长着胡子外，脸上还长满了一层短短的毛发，在阳光的照耀下还发着亮亮的光呢！【**外形描写：**细腻的外形刻画把动物的真实形象呈现在读者面前，让读者印象深刻。】

它那双眼睛亮晶晶的，一下子转向了渔夫，就这样直直地盯着渔夫，愣愣的样子。但紧接着，这动物一转眼就又沉到水底，钻到冰层下看不见了，要不是留下“哗啦”一声响，【**拟声词：**“哗啦”一词真实自然地写出了海豹钻入水中所弄出的声响，词语准确朴实。】还真会让人觉得刚才只是一场幻觉呢！

当渔夫醒悟过来时，他才真正搞清楚，原来刚才看到的是一只海豹。

海豹是冒出水面来呼吸一下空气的。当海豹在水中捉鱼时，会把脑袋伸出水面一会儿，喘口气。

寒冬时节，水面都被厚厚的冰层覆盖着，于是海豹常从冰

一个渔夫看见冰面上有一个冰窟窿，里面伸出来一个海豹的脑袋

窟窿爬出来透透气，因此渔夫们也就利用海豹的这种生活习性，经常在芬兰湾上猎捕海豹。

有时也有这样的事情发生：为了捕捉到鱼，有些海豹会一直追赶着鱼群，能一路追到涅瓦河。拉多牙湖里有大量的海豹，那里堪称天然的海豹渔猎场。

卸下武器

听说森林中的彪形大汉公麋鹿和个子矮小的公鹿，它们俩的犄角都没了。

它们身居密林，就在树干上不停地磨犄角，磨来磨去，【**动词：**“磨来磨去”，形象地写出了麋鹿和公鹿为了去掉犄角而做出的动作，用语富有动感和变化。】犄角就被弄下来了。原来，公麋鹿是自愿卸下头上这沉重的武器的。

森林里的两只饿狼发现了这样一个失去武器的汉子，觉得机会来了，决定向它发起猛攻。狼认为，对付这样一只手无寸铁的麋鹿，【**成语：**这一成语形容出麋鹿失去犄角后没有任何武器的真实样子，词语贴切，具有拟人化色彩。】应该是胜券在握，很容易就能打倒它。

可是麋鹿抬起两只结实的前蹄，一下子就把其中一只狼的脑壳给踏碎了，然后，它又敏捷地转过身来，猛然踢倒了另一只狼，这只狼受了伤，一下子倒在雪地里，挣扎了好久，好不容易才从对手身边慌忙地逃走了。

就在这短暂的时间里，一场战役就这样不经意地开始，又在转眼间戛然而止了。

最近的日子里，公麋鹿和小个子公鹿也渐渐长出了新的犄角。只是那犄角看起来就像是还没有长得发硬的肉瘤，肉瘤外面紧紧绷着一层皮，皮上还长着

麋鹿猛然踢倒了另一只狼

一层软绵绵的小绒毛。

在冰水里游泳的鸟

我们的森林通讯员，在一条小河的冰窟窿旁边，发现了一只黑肚皮的小鸟。这只小鸟的发现地就位于波罗的海铁路的加特钦站附近。

那天清早，太阳挂在天空，但是天仍然冷得让人无法忍受，几乎可以冻掉人的鼻子。于是我们的森林通讯员就不得不使用一种特殊的办法——捧起雪来搓鼻子，以便让冻得失去知觉的鼻子重新恢复知觉。

因此，当森林通讯员看见那只黑肚皮的小鸟此时还能在寒冷的冰面上唱着高亢激昂的歌时，【**形容词：**“高亢激昂”一词生动地写出了小鸟歌声的动听，以及小鸟唱歌时动情的样子，给人以想象的空间。】他简直震惊到了极点。

他赶忙跑过去想看个究竟，结果小鸟却在看到他后欢蹦乱跳地跑开了。但是令人不可思议的事情又发生了，那只小鸟一下子飞身跳到冰窟窿里了。森林通讯员想：“难道它是活不下去了，竟然要投河自杀？这下它可别想活着了。”他匆忙来到冰窟窿前，想要设法挽救那只昏头昏脑的小鸟。

眼前又出现了惊人的一幕，那只小鸟竟然在起劲地扇动着翅膀划水呢！它姿态优雅，就如同一个擅长游泳的人在游泳池里自由自在地戏水一样。【**比喻：**把小鸟比作“擅长游泳的人”，突出小鸟擅长游水的特性，以及它游水时姿态的美丽，语言生动，小鸟鲜活的形象跃然纸上。】

那只小鸟的黑色脊背浸泡在透明的冰水里，映衬着波光粼粼的水面，闪着银色的光芒，简直就像是一条在水里嬉戏的小银鱼。

突然，小鸟又猛地扎进了水底，好像要到河底抓捕小鱼似的，在那里疯狂

森林通讯员在冰面上看见一只小鸟飞到冰窟窿里戏水

地游了起来，一会儿，它又忽然停止了，用尖尖的小嘴掀起了沉在河底的小石子，它果然从水底下拽出了一个有着黑色外壳的水甲虫。

大约过了一分钟，它又突然从远处的另一个冰窟窿里露出了小脑袋，一下子跳到冰面上来。它一用力，抖搂掉身上的小水珠，再次悠闲地哼起了节奏欢快的歌。

我们的森林通讯员满脸疑惑地把手伸进了冰窟窿里，想感受一下，看这里是否是温泉。

可是只一瞬间，他就龇牙咧嘴地把手缩了回来，这冰面下的水简直冷极了，手如针扎刀割一般疼痛。【**夸张**：**运用夸张的修辞手法把森林通讯员感受到的河水的冰冷程度传神地体现了出来，也暗示了这种小鸟耐寒能力强的特性。**】

他忽然明白过来，原来这是一只调皮的水雀，是一种学名叫河乌的鸟。

它这一点和交嘴鸟比较相似，它们都不被自然法则限制。河乌的翅膀上覆盖着一层薄薄的脂肪，十分特别，它一钻进冰冷的水里，那覆盖着脂肪的羽毛就会冒出一层小小的水泡，发出闪闪的亮光。这样一来，河乌的身体外面就如同穿上了一件空气做的外套。因此，即使在刺骨的冰水中，有了这层小水泡的隔绝，它也不会感到特别寒冷。

在列宁格勒，河乌算是十分罕见的客人呢！它们只有在冬季里才会偶尔现身。

憋闷的水晶宫

现在让我们来了解一下鱼的情况吧！

在整个漫长的冬季里，鱼基本上都是在河底蒙头大睡的，它们居住的地方有一层由又厚又硬的坚实的冰做的屋顶。冬末时节，也就是二月份，它们在池塘和林中湖泊或沼泽里时，会因缺氧而感到憋闷。那个时候，鱼感觉自己简直要被憋死了，于是不得不游到冰层的下面，心慌意乱地张着圆圆的小嘴，【成语：这一成语把鱼们缺氧后心里着慌、乱了主意的具体神态刻画了出来，用词形象，富有拟人色彩和感染力。】用薄薄的嘴唇快速地捕捉那些冰上的小气泡。

有些时候也可能发生鱼被集体闷死的情况。当春暖花开，气温上升，冰雪融化时，你如果带着鱼竿到那里去钓鱼，那么肯定会两手空空，毫无收获。

因此，寒冷的冬季里，你不要忘记那些可爱的鱼。到池塘或湖面上去凿开几个小洞吧！还要注意的是，不能让洞再次封住，这样鱼就能从这些地方呼吸到新鲜的空气了。

雪被子底下的世界

在漫长而酷寒的冬季里，看着眼前无边无际的大地覆盖着的厚厚的洁白积雪，你是不是会忍不住想：这片广阔的白色海洋底下又干燥又冰冷，会有什么东西呢？这样残酷的环境里会有生命存在吗？

到处是一片洁白，厚厚的积雪覆盖着森林、林中的空地和田野。我们的森

林通讯员就在这些地方挖了一些大大的深坑，一直挖到裸露出地面。

那底下露出了一些让我们意料不到的东西。原来那里有嫩绿的小叶簇，脆生生的；甚至还有一些刚从枯草根下冒出头来的小小嫩芽，脑袋尖尖的；还有各种各样绿色的草茎，它们被厚重的积雪压倒，一直贴在地面上。【**排比：用排比句式把森林通讯员在厚厚的积雪下看到的惊人情景细腻地表现了出来，语言富有生机，各种植物形象鲜活。**】但是，它们全都是活着的！你想想，它们的生命力旺盛着呢，这难道不是一个令人惊叹的奇迹吗？

原来，在这片看似死气沉沉的雪海之下，【**成语：“死气沉沉”一词贴切地形容出厚厚的积雪掩盖一切给人的心理感受，词语生动、凝练。**】其实有各种各样的植物还生活着呢，比如草莓、蒲公英、荷兰翘摇、狗牙根、酸模等，它们仍然保持着盈盈绿意呢！更让人赞叹的是，在那嫩绿的脆生生的繁缕上，还附着着一个个幼小的花蕾呢！

我们的森林通讯员一直挖，挖了好多大雪坑，在高高的雪坑壁上，有许多圆形的小窟窿，被铁锹给切断了。那是小动物们在雪里钻来钻去时留下的。那些聪敏又有活力的小动物，会在茫茫雪海里钻来钻去地觅食。老鼠和田鼠在雪被下，对那些富含营养的植物细根大嚼特嚼；而有些啮齿动物和在雪地里过夜的飞禽则变成了食肉动物如鼩鼱、伶鼬、白鼬的大餐。

从前，人们经常会说这么一句话：“有福气的小孩从娘胎里带来衣裳。”熊宝宝可以算得上是有福气的了，有人说，在所有的野兽当中，只有熊才会在寒冷的冬季里生宝宝。熊宝宝刚出生时是那么娇小，似乎只有一只大老鼠那么大，它一出生就从娘胎里带来了衣裳，并且还不是件普通的衣裳呢，那可是一件厚厚的皮衣！

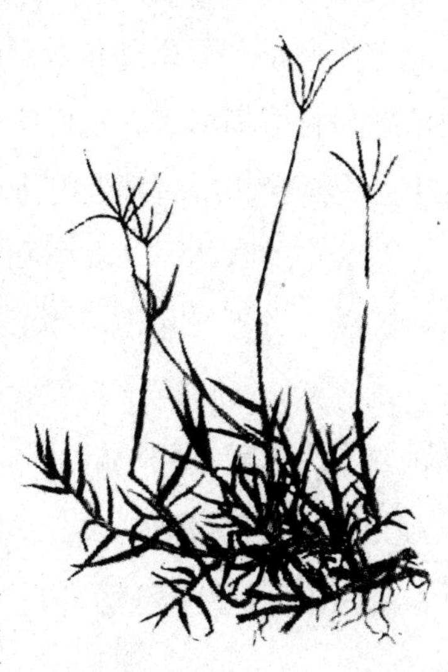

现在，科学家们更了解老鼠和田鼠了，明白了它们为什么在冬天搬家。它们把自己的家从夏天的地下洞穴搬到了地面上，选择到雪被子覆

盖着的灌木根部的枝杈上筑巢，这样就如同在冬季里搬进了别墅。让人感到奇怪的是，寒冷的冬季里，它们也会生小宝宝！那些刚刚降生的鼠宝宝，就那么一丁点大，全身还没长毛，光秃秃的。由于巢穴里很温暖，它们并不会感到冷，年轻的鼠妈妈还在那里温柔而充满爱意地给它们喂奶呢！

春即将降临

虽然这个月份仍然冷气袭人，但已经不再像仲冬时节那样让人无法忍受了。虽然在茫茫大地上，积雪仍然很厚很深，但颜色已经开始黯淡下来，没有了先前的亮泽，而且最上层开始出现蜂窝状的小洞洞，再也不像从前那样闪亮耀眼，让人无法逼视了。白天，阳光灿烂明媚的时候，雪水就会沿着屋檐上挂的那些小冰凌子滴落下来，发出“滴滴答答”的声音，【**拟声词：“滴滴答答”形象地描绘出了雪水从屋檐上滴落到地面时发出的声音，词语虽朴实无华，但准确贴切。**】地面上一会儿就会存积起一个个小小的水洼。

太阳公公的工作时间延长了，照射地面的时间越来越久，气温也继续升高。天空中的蓝色也变得一天比一天亮丽，不再是以前冬季里那种发青发白、令人感觉冷飕飕的灰蓝色了。天上的云彩，开始渐渐地变厚，有了层次感。你只要细心观察，可能就会发现，天上有一朵朵堆得厚厚的、密密的积云飘过！已经完全不是冬天里那种灰蒙蒙的云彩了。天刚刚发亮，窗外就传来了山雀欢快的歌声：“斯克恩，舒巴克！斯克恩，舒巴克！”黑夜来临，许多猫会到屋顶上开音乐会，或者嬉戏打闹。

在茂密的森林里，云杉和松树下面的雪地上出现了一些神秘的符号和莫名其妙的图案，不知是谁画的。当看到这些符号和图案的时候，猎人着实被吓了一大跳，紧张了一阵子。但紧接着，猎人的心就兴奋地狂跳起来。因为猎人忽然明白了，这就是松鸡的痕迹呀！松鸡那对强劲有力的翅膀上长着坚硬的羽毛，当它扑扇翅膀时，就会在春季坚实的冰壳上画出很多这样的符号和图案。由此可以判断，松鸡们马上就要开始交配了，森林里会再一次响起那

种神秘的音乐。【比喻：把松鸡交配时发出的叫声比作“神秘的音乐”，形象地突出了它们叫声的神秘和美妙，给人想象的空间。】

我的好词好句积累卡

残冬　硬生生　皮包骨头　饥肠辘辘　毫无顾忌　胜券在握

就在这短暂的时间里，一场战役就这样不经意地开始，又在转眼间戛然而止了。

那只小鸟的黑色脊背浸泡在透明的冰水里，映衬着波光粼粼的水面，闪着银色的光芒，简直就像是一条在水里嬉戏的小银鱼。

城市新闻

热闹的大街

城市里，春天的脚步越来越近了，大街上，经常能看到动物们打架的情景。

麻雀们在大街上飞起又落下，毫不在意来来往往的行人。它们毫无顾忌地用嘴互相乱啄颈毛，被啄下来的羽毛在空中到处乱飞。

雌麻雀是从来不参加打架事件的，但它们对于那些好勇斗狠的家伙也不阻止，只是袖手旁观。【**成语：**形象生动地写出了雌麻雀对于打架的事只是置身事外，既不过问，也不协助。】

每到夜晚，猫就会跑到屋顶上去打架，有时甚至打得头破血流，一副要置对方于死地的样子。有一次，一只公猫被对手一下子从大楼顶上打了下来，它一个跟头翻了下去。但不要担心，猫的腿脚一般都比较利索，【**形容词：**“利索”一词准确地写出了猫身手敏捷的特点，用词朴实、真切。】所以不会有生命危险的。猫跌下去时总是刚好四脚着地，顶多是走路时一瘸一拐的，过几天不方便的日子。

城市的街道上，麻雀毫不怕人地互相乱啄

修建房屋

城市里的大街上，到处都可以看到大家忙着修缮房屋、建筑新宅的情景。

老乌鸦、老寒鸦、老麻雀、老鸽子，也和人们一样，都在张罗着修补去年的旧巢。今年夏天才开始干活的那年轻一代，也给自己建筑新居了。于是，这大大增加了对建筑材料的需求。各种粗细不等的树枝、稻草、马鬃、绒毛和羽毛都可以成为它们的建筑材料。

关爱小鸟

我和我的同学舒拉，都特别喜欢小鸟。冬天的时候，那些住在我们这儿的山雀和啄木鸟时常会饿肚子。我和舒拉就对它们心生同情。我们决定用自己的双手给它们做食槽。

我家附近栽了很多树，常常有小鸟飞下来，落在那些树上找食物吃。

我们选用三合板做了一个很浅的木槽，每天早晨在里面放上一些食物让鸟来啄食。当看到它们欢快地吃着我们为它们提供的食物的时候，我们心里都特别高兴，认为这样做对鸟是有益的。

我呼吁所有的小朋友都像我们一样行动起来，共同保护这些可爱的小鸟。

森林通讯员　瓦西里·亚历山大

马路上的鸽子

这条大街的拐角处有一座房子，那座房子的墙壁上画了一个记号：一个大圆圈，中间又画了一个黑色的三角形，三角形里又画着两只雪白的鸽子。

这个记号是对大家的提醒：当心鸽子！

当司机把汽车开到这条大街上，想在这座房子附近拐弯时，他们都会小心翼翼地绕过一大群落在马路当中的鸽子，【☆成语：这一成语很形象地写出了司机经过此地时谨慎小心、一点不敢疏忽的样子。】这些鸽子正叽叽喳喳地叫着，吃着，很是热闹。它们有青灰色的，有白色的，有黑色的，也有咖啡色的。许多站在人行道上的大人和孩子正把大把大把的米粒和面包屑向它们抛撒过去。

现在你知道了，那个“当心鸽子”的警示牌是给司机看的。在莫斯科的大街上，最开始是根据女学生托尼亚·哥尔基娜的要求才挂出这种牌子的。现在，这样的牌子已经随处可见，不管是在列宁格勒，还是在其他繁华的大城市里。经常有市民站在牌子附近喂鸽子，欣赏这些有“和平使者”之称的可爱小鸟。

爱护鸟类是件多么光荣的事呀！

启程返航

《森林报》的编辑部收到了许多消息，而且都是让人高兴的好消息。这些信分别来自埃及、地中海沿岸、伊朗、印度、法国、英国和德国等国家和地区。信上说，我们的候鸟已经启程回国了。

它们悠闲自在地向着家乡的方向振翅高飞，【☆动词：“振翅高飞”形象具体地刻画出了候鸟在空中奋力疾飞的样子。】刚刚从冰雪下苏醒的大地和水面正被它们一步又一步地占领。每年的这个时候，它们都有这样的计划，它们恰好会在我们这里冰雪开始消融、江河开始解冻的时候，历经千难万险，长途跋涉飞回故乡，每年都是如此，从不例外。

雪被子下的奇观

今天天气比较温暖，是冬季里很难得的一个融雪天。我准备好工具，打算到户外去弄点好的泥土来栽花，顺便到我的小菜园里瞧瞧，那是我为了喂鸟而特意开辟出来的。在小菜园里，我特意种上了一些繁缕，因为金丝雀对繁缕鲜嫩多汁的绿叶情有独钟。

你们应该大体上知道繁缕长得什么样吧。它的叶子很小，呈淡淡的绿色，有着小小的花朵，你如果不细心看，肯定看不到，它那又细又嫩的茎总是缠绕卷曲在一起。

繁缕总是贴着地面生长，**【动词：“贴着”，简单朴实的词语真实而贴切地写出了繁缕生长的自然特性。】**在菜园里要是种了这种东西，你只要稍微粗心一点，它就会在很短的时间里密密匝匝地铺满整片田地。

今年秋天，我在菜园里撒了一些繁缕的种子。因为种得有点晚，那些种子刚一发芽，还没来得及伸枝散叶成为幼苗，就被一场突如其来的大雪给完全掩埋起来了。当时它们都刚长成这样：只有一段纤细的茎和两片对称的小叶子。我心里一直认为它们早已经被冻死了。

可是事实到底怎么样呢？我细心一瞧，它们竟然安全地越过了冬天，并且还比以前长得更大了，发育得更壮实了。现在的它们不再是当初那种让人担忧的纤细幼苗了，已经完全是一棵棵小小的植物了。令人惊喜的是，有几棵上竟然还点缀着小小的花蕾呢！

在如此寒冷的冬季里，尤其是在厚厚的积雪下看到这样的情景，实在可以称得上是奇观了。

尼·巴甫洛娃

清早的新月

今天，我因为一件事情而特别激动，甚至兴奋得有点睡不着觉了。于是一大早我就起床了。起床的时候。太阳才刚刚露出脸来，就在那时，我看见了一弯新月。

新月一般出现在傍晚，那时太阳也就刚刚下山。人们很少见到这种情景：新月与太阳竟然一起出现在天空，高高地悬挂在那里。这弯新月起得特别早，太阳升起的时候，它早已高高地升到天空中去了。它看起来美极了，就如细细的镰刀，【**比喻：把新月比作“镰刀”，生动形象地刻画出了新月悬挂在天空中的真实姿容。**】泛出淡淡的珍珠色，就悬在闪着金光的朝霞之上。它看起来是那么亲切，那么自然和谐，发出一闪一闪的光芒，露出喜气洋洋的神色。【**成语：这一成语把“我”所看到的充满了欢喜神色的美丽的新月，生动地呈现在读者面前。**】我生平头一次看见它是这个样子的。

摘自少年自然科学家的日记

水晶般的白桦树

昨天夜里，天空中飘起了小雪花，暖暖的，湿湿的，漫天飞舞。【**形容词：“漫天飞舞”一词把雪花从天空中飘洒下来的样子生动地刻画了出来，很有美感。**】一会儿雪花就飘荡到院子里台阶前我心爱的白桦树干上，落在白桦树光秃秃的枝丫上。雪花所到之处，都被轻柔地盖了起来，就像是刚刚被刷上了白色的油漆一样。凌晨突然降温，天气变得冷飕飕的。

天空放晴了，蓝蓝的天空中，太阳露出了笑脸，抬眼看去，我那棵心爱的白桦树好像被施了魔法一般，变得非常迷人，亭亭玉立，如一位娇俏的少女。【**比喻：把白桦树比作“少女”，用富有表现力的语言把白桦树刻画得传神而俏丽，具有极强的感染力。**】它就静静地站在那里，从头到脚，从树干到纤细的枝杈，都好像涂上了一层亮晶晶的白釉。原来，昨天晚上那些湿润的积雪被冻成了一层晶莹剔透的薄冰，罩在了整棵树上。我的白桦树从头到脚都闪着

耀眼的光芒。

有几只长尾巴山雀飞来了，落在我的白桦树上，在枝杈间四处转悠，原来它们是想在此找点儿早点充饥呀。它们身上的羽毛蓬蓬松松的，看起来厚厚的，远远看去，就像是当中插着针织的一团团的小白绒线球。

可它们的小脚爪在树枝的那层薄冰上直打滑，小小的嘴巴也无法啄透那层硬硬的冰壳子。白桦树此时就像是一棵用玻璃制成的水晶树，山雀们一啄，还会发出细微的、冷冷的叮当声。

山雀们毫无办法，于是就叽叽喳喳地不停发出抱怨的声音，很失望地飞走了。

太阳渐渐地升高了，光线也越来越强，气温逐渐升高，最后终于把白桦树上的这层水晶衣给融化掉了。

融化的冰水一股股的，从高高的树干上、树枝上流淌下来。白桦树此时似乎摇身一变，成了一个冰冻的小漏斗，【**比喻：把往下流冰水的白桦树比作“小漏斗”，形象地写出了一直往下流冰水的白桦树的状态，语言生动，比喻贴切可爱。**】不停地向下流着水。那些滴落的水珠在阳光的照耀下，闪着变幻不定的色彩，沿着树干和树枝，像一条条银色的水蛇，蜿蜒而下。

此时，那些山雀似乎听到消息似的，又全都飞回来了。它们又一次落在了枝杈上，不管那些水珠是否会打湿它们的小爪子。白桦树上的那层冰壳几乎融化光了，它们的小爪子可以牢牢地抓住树枝站稳当了，它们似乎一下子变得兴奋起来，终于可以放心地吃上一顿可口的早餐了。

《森林报》记者　维里卡

宣告春天来临的歌声

初春的一天，阳光普照着大地，但是天气并不暖和，仍然冷得难受。城市的花园里已经变得热闹起来，从那里传来了春天里最早的歌声。

这美妙的歌声是山雀唱出来的，它的歌喉与其他鸟的相比几乎没有什么差别，基本上都是：

“晴——几——回！晴——几——回！”【拟声词：“晴——几——回”贴切地模拟出了山雀的叫声，用词活泼，富有乐感，突出了山雀叫声的悦耳。】

这支小曲的节奏其实非常简单，但是歌声中饱含的激情却让人听起来感觉那么欢快、悦耳。它挺着金色的小胸脯，似乎用歌声来向大家发出通知：【拟人：把山雀比拟成人，使山雀挺胸唱歌的可爱神态跃然纸上，富有情趣。】

“春天来了！脱掉大衣！脱掉大衣！”

传递绿棒

一年一度的全苏联优秀少年园艺家选拔赛创始于1947年，这就像是一场长距离的接力赛跑，从1947年春天跑到1948年春天，虽然路程漫长，可是少先队员们仍然非常圆满地完成了这项任务。他们竭尽所能去保护前人栽种的那些植物，而且用心地去培育每一棵树和灌木，每年都是如此，毫不懈怠。

每当一场绿棒接力赛结束的时候，都会召开少年园艺家大会。

去年，参加绿棒接力赛的少先队员和小学生达到几百万人。这些少先队员和小学生每人都种植了一棵果树或者浆果灌木。这样他们就为国家增添了几百公顷的森林、公园和林荫道。根据这些事实，我们可以预测，今年将会有更多的人来参加绿棒接力赛。

虽然今年的竞赛和去年的相比，条件是一样的，但是要做的事情却比去年多了很多。今年每一所学校都计划开辟出一个果木苗圃。这样就为明年建成更多的果木园奠定了良好的基础。

要把一直光秃秃的公路变成绿荫遮蔽的林荫道。

要保全我们的肥沃良田，就要用这种种植乔木和灌木的方法来巩固峡谷中的泥沙。

我们必须虚心地向那些经验丰富的老园艺家学习，这样才能圆满地实现这一系列理想。

我的好词好句积累卡

修缮　点缀　冷飕飕　好勇斗狠　一瘸一拐　长途跋涉

它的叶子很小，呈淡淡的绿色，有着小小的花朵，你如果不细心看，肯定看不到，它那又细又嫩的茎总是缠绕卷曲在一起。

白桦树此时就像是一棵用玻璃制成的水晶树，山雀们一啄，还会发出细微的、冷冷的叮当声。

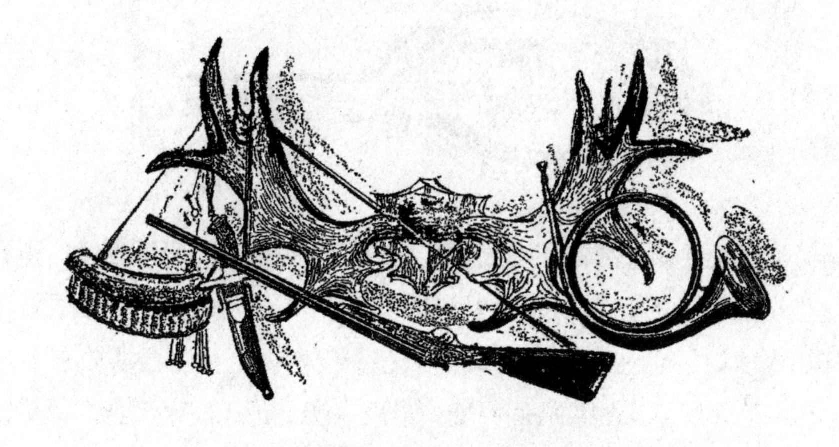

林中狩猎

设圈套的技巧

事实上，猎人们打猎时，通过设置各种陷阱和圈套会比用枪产生的效果好很多。采用设置圈套的方法捕猎野兽，更多要靠智慧，但也不仅仅是足智多谋就可以了，还要对野兽的脾气习性了如指掌，【成语：“了如指掌”形容猎人对动物了解得非常清楚，像把自己的手掌指给人家看一样，充满了夸张色彩。】同时还要把陷阱和捕兽器很好地隐蔽起来。那些经验丰富而又充满智慧的猎人，总能设置出很巧妙的陷阱并找到合适的地方安置捕兽器，往往会捕到更多的野兽；而那些缺少智慧、脑瓜又不灵的猎人，即使弄好了陷阱，设置好了捕兽器，最终也不会捕到什么猎物。【对比：把经验丰富又充满智慧的猎人和缺少智慧、脑瓜不灵的猎人放在一起进行比较，突出了二者的差别，这也导致他们打猎的收获存在巨大的差异。】

那种钢制的捕兽器，一般都是成品，是不需要自己动手设计的。但是，要知道怎么安放它，却是一件十分不容易的事。

第一件要明白的事情，就是把它放在什么位置。这种捕兽器一般要放在兽洞附近或者野兽经常出没的小路上，再或者是那种有许多彼此交叉的野兽的脚印的地方。

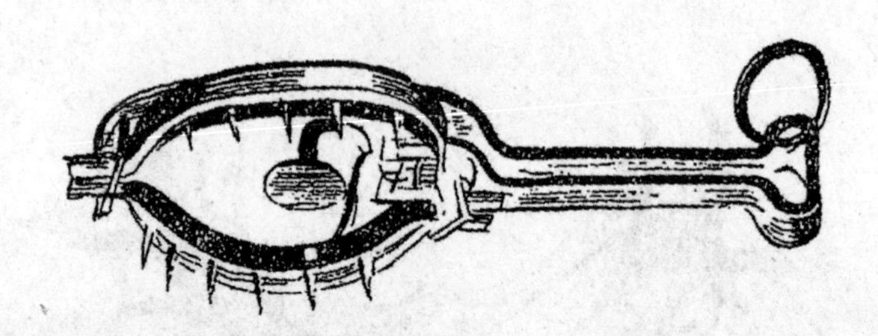

第二点就是要知道准备和安放捕兽器的具体的步骤和要领。像捕猎黑貂、猞猁这类机警异常的动物，就要先把捕兽器煮一下，而且要用松柏的汁液来煮，再用小木锹铲下一层积雪，戴上手套，接着去把捕兽器摆放在恰当的位置，然后把刚才铲下来的雪放回原处，最后一步就是用小木锹把雪弄平整。如果在这个过程中稍有不慎，野兽那灵敏的嗅觉就会一下子捕捉到人的气味或者是钢铁的气味，就算是隔着上面那层积雪，它们也一样闻得到。

要是准备捕捉那种强壮健硕的野兽，就得把捕兽器拴在附近的树干上固定起来，这样就不会让野兽把捕兽器拖走了。

如果还想在捕兽器上放上诱饵，那么还得清楚每种野兽的爱好和口味。比如，有的野兽喜欢吃老鼠，有的野兽喜欢吃肉，有的野兽喜欢吃鱼，等等，【**排比：**运用排比的修辞手法把各种野兽的不同爱好充分地描述了出来，给人有一种具体的印象，能对它们有初步的认识和了解，而且也加强了语势。】要根据野兽的爱好来放置。总的来说，诱饵要样式多、品种全、投其所好，这样就会更容易捕到它们。

各种神奇的捕兽笼

猎人们为了捕捉到更多的小野兽，制作出各种神奇的捕兽笼。其实制作这些玩意很简单，任何人都能学会。

这些捕兽笼虽然样子不同，但其实有一个共同的特点，那就是都能进得去，却出不来。

先找一个大小合适的容器，比如一个长木箱子，或者是一个木桶，在箱子

（或木桶）的一头打开一个入口，再用粗的金属丝做个小门，而且一定要注意小门比入口要稍微长一些。把小门斜着立在箱子（或木桶）的入口处，下边往木箱子（或木桶）里面倾斜，这样整个制作过程就全部结束了。

然后再往木箱（或木桶）里放上充满诱惑力的饵料。

诱饵的香味就会把小野兽们慢慢吸引过来，它们透过金属丝做成的小门就会看到令它们垂涎欲滴的诱饵了，**【成语：形象生动的成语把小野兽们看到诱饵后，馋得连口水都要流下来的那种十分贪婪的样子鲜活地呈现在读者面前。】**它们禁不住诱惑，就会用头把门顶开，悄悄溜进去。可是等它们一进入，小门就在它们身后自动关闭了。钻进笼里面的小野兽从里面是不可能把门打开的，它们只能无奈地坐以待毙了。

当然，也可以在木箱的一面安装上一块活络板，并在木箱堵死的那头的顶板上挂上诱饵，再在木箱开得很窄的入口处安装一个活门。

小野兽从这个活络板爬进去，经过板子中心的时候（木板中心处的板底下安装一个转动的轴，这样可以使这块木板自由翻动），它们身体底下这一半的木板就会顺势侧落，靠近入口的那一半木板就向上翘起来，木板的上端会经过活闩，木板经过这样一系列的活动，就会巧妙地把捕兽箱的入口结结实实地堵住了。

还有一个比这更简单的方法：选择一只或高点或大点的琵琶桶，把桶顶打开，在桶的半腰上钻出两个小窟窿，再穿上一根长铁轴。铁轴的两端要露在琵琶桶的外面，然后把它架在两根立在地上的小柱子上（要预先挖个坑，把坑挖在这两根小柱子的中间，坑大约有半个桶高那么深）。

铁轴的两端固定住，要平衡琵琶桶的两边，让它的前半截桶边恰好搁在坑沿上，后半截（有桶底的那头）吊在坑的上面，贴近桶底的地方放上诱饵。

小野兽爬进四壁滑溜溜的琵琶桶后，刚爬过桶的半腰，想要去吃桶底的食物时，桶就会突然翻落下来，变成桶底朝下了。小野兽掉到了桶底后，就再也爬不上来了。

冬季里，当大地被冰封冻起来后，乌拉尔的猎人又想出了一个比上述方法还要简单的方法，他们干脆就做个冰陷阱。

在户外露天的地方，放上一大桶水。大家知道，桶面和桶壁上还有桶底下的水，和桶中央的水相比会冻住得更快。等冰层大约有两指厚的时候，在冰面上挖个洞，能恰好让白鼬钻进去。从这个小洞口把桶里没有冻住的那些水倒出来，然后把桶搬到屋里。桶壁和桶底的冰在温暖的屋里很快就融化了，这样就能很轻松地把铁桶里的冰给倒出来，形成一个冰冻成的桶了。这只冰桶只有顶上有个小洞，其他地方都堵得严严实实的，【**形容词**：“严严实实”，词语朴实，贴切，把冰桶的样子真实地形容了出来，给人一种具体的印象。】这样冰陷阱就做好了。

往冰洞里放上一些干草或者麦秸什么的，再放进去一只活的老鼠。猎人们就把这个冰陷阱埋在白鼬或伶鼬经常出没的地方，要让陷阱顶部和积雪保持一样高的水平。

当小野兽被老鼠的气味引来以后，它们只要一进去，就再也别想出来了。冰壁相当光滑，它们是无论如何也爬不上来的，就算是啃，也啃不破，它们只好束手就擒了。【成语：这一词语写出了小野兽进入陷阱后毫不抵抗、乖乖地让人捉住的无奈样子，体现出它们当时所处的困境。】

要取出困在里面的小野兽，只要打碎冰陷阱就行了。反正重新制作一个也无须花费什么本钱，愿意做多少个都是完全没有问题的。

捕狼陷阱

设置陷阱是猎人们经常使用的一种猎捕狼的办法。

选择一条狼经常出没的小路，在那里挖一个呈椭圆形的大深坑，而且要确保坑壁非常陡峭光滑。坑要基本上能容下一只成年的狼，而且还不能让狼跑很多步跳出坑来。坑的上面用细小的枝条覆盖起来，最好再在枝条上撒点更细小的树枝、苔藓和稻草，最后再撒上一些白雪。这样把坑完全伪装起来，狼从表面上看去不会发现什么疑点，因为这和普通地面没有什么差别，狼完全不会想到下面是陷阱。

深更半夜，漆黑的夜色里，狼群从小路上经过的时候，走在最前面的狼就会在毫无防备的情况下突然陷到坑里，出不来了。

到第二天早上，猎人就能轻松地在陷阱里活捉它。

捕狼妙计

还有另一种捕猎狼的好方法，就是设置“狼圈”。如果设置狼圈，就需要先选择一块空地，然后在里面打下许多木桩。木桩一根接一根的，形成一个圆圈。第一圈木桩打完后，要再打下另一圈木桩。里外两圈木桩之间留下了一条夹道，夹道很窄，恰好能让一只狼挤过去。

在外圈安上一扇门，而且必须是单扇的，只能往里开，也就是只能进不能出。在里圈放上诱饵，比如一只小猪，一只山羊，或者一只绵羊。

当家畜散发出的气味传进了狼的鼻子后，狼就会一只接一只地走进外圈，进入两圈木桩形成的夹道后，狼就变得慌乱起来，【形容词："慌乱"一词把狼进入夹道而无其他路可走时的紧张神态生动地刻画了出来，用词准确。】在夹道里转了起来，结果绕了一整圈后，最先进入的狼又来到了它刚才进来的那扇门前。可是那扇门挡在了它面前，阻止了它的去路。而且现在它也无法转身了，因此，它只好努力地用脑袋去撞门，结果门被它一顶，反而关上了，也就把所有的狼都给圈在里面了！

这样，就形成了一个很滑稽的场景：许多狼围着圈内的家畜不停地转圈，没完没了，一直到猎人前来捕捉它们。这样一来，这些狼还没碰到一根羊毛，就白白送了自己的小命。

捕狼机关

寒冷的冬季里，地面都被冻得坚如磐石，【形容词："坚如磐石"，具有比喻色彩的词语把冬季里地面坚硬无比的特点具体地形容了出来，使抽象的硬度变得具体可感。】难以凿动，更难挖出深坑。因此，冬季人们要捕狼的话，不会设置那种过于简单的陷阱，而是选择在地上设置巧妙的机关。制作这种机关的具体方法是：选好一块地，再在4个角上竖立4根柱子，用木桩打一道栅栏，好把这块空地给围起来。最后再在这块空地的中央竖立一根柱

子，而且一定要比栅栏高些。在这根柱子上挂上一块肉，作为诱饵。

再在栅栏上斜放上一块很长的木板。

木板的一头和地面连接，另一头则悬在半空，悬空的高度一定要靠近诱饵。

当肉的香味被嗅觉灵敏的狼闻到以后，狼就会不顾一切地迅速沿着木板向上爬。狼重重的身子一跑过木板的中心，木板悬空的那头就会被压得降落下来。狼来不及站稳，就会一下子栽到圈子里，像一棵倒插的葱一般跌进去，【**比喻：**把跌落下来的狼比作“倒插的葱”，生动形象地描绘出狼当时的滑稽样子，形象、具体、有趣。】成为猎人们的俘虏。

历尽奇险

现在已经是二月底了，地上仍然有厚厚的积雪，这些雪都是从其他海拔高的地方被风吹卷过来的。塞索伊奇踏上滑雪板，在沼泽地上飞快地滑行，这些沼泽地上面布满各类苔藓。

沼泽地上方还有大片的丛林，它们也仍然被皑皑白雪覆盖着。塞索伊奇有一只北极犬，名字叫小霞，它一跑进丛林，就一溜烟地消失不见了。但紧接着就传来了它的叫声，听起来非常凶狠、暴躁。根据叫声，塞索伊奇就判断，小霞一定是发现了熊的踪迹。

小个子猎人此时兴奋极了，他没想到今天竟然能意外地遇到熊，而且他恰好带着那把很好用的五响来复枪，于是，他赶紧朝着狗叫的地方飞奔而去。

他到达那里，发现小霞正对着一堆东西咆哮呢。【**动词：“咆哮”一词从声音和神态的角度刻画了小霞发现目标后的表现，体现出小霞反应的敏捷，词语生动贴切。**】那里有大堆倒塌下来的干枯树木，上面被积雪覆盖着。塞索伊奇选好一个位置，轻轻地把自己的滑雪板从脚上卸了下来，接着又把脚底下的积雪踩踏结实，准备开枪。

过了有一会儿，一个黑黑的脑袋从雪底下探了出来，它的额角宽宽的，两只小眼睛还闪着绿色的光芒。【**外形描写：通过对熊的脑袋、额角和眼睛的描绘，具体形象地刻画出了熊的外形，语言细腻，观察仔细。**】依照猎人的想法，这是熊跟自己打招呼呢！

塞索伊奇心里很清楚，熊看到敌人后会在一转眼的工夫躲起来，整个地把自己缩回洞穴里，之后再猛然蹿出来。因此，猎人必须在熊的脑袋还露在外面的时候就赶紧开枪。

可是，时间紧迫，塞索伊奇没有瞄准，打出去的子弹落空了。后来，他才知道，那颗子弹只是轻轻擦破了熊的脸颊。

熊受到惊吓之后，竟然一下子跳了出来，猛地扑向了塞索伊奇。

塞索伊奇在危险紧逼的情况下开了第二枪，幸好这一枪打中了熊的要害部位，熊一下子倒了下去。小霞立刻扑上去撕咬熊的尸体。熊扑上来的时候，塞索伊奇很镇定，没有感到一丝畏惧。眼前危险已经过去了，可这个小个子猎人竟然不知什么原因，浑身无力，眼冒金星，连耳朵里都发出“嗡嗡”的响声。【**拟声词：**“嗡嗡”一词，真实描摹出了塞索伊奇受到巨大惊吓后的身体反应，突出强调了当时情形的危险和恐怖。】他深深地吸了一口凉气，稳住自己的情绪，开始回想着什么，脑袋都想得发晕了，老半天才回过神，这才意识到，刚才发生的这一切是多么凶险、恐怖哇！

不管多么勇敢坚强的猎人，和这样的庞然大物面对面地遭遇，惊险结束后，只要一回想，都会惊起一身冷汗。

塞索伊奇正在想着的时候，小霞突然间从熊的尸体旁边跳了开去，不断狂吠着，又一次扑向了那堆枯木。不过，这一次它是从另一个方向扑向那边的。

塞索伊奇还惊魂未定呢，眼前竟然又冒出了一个熊的大黑脑袋。

不过小个子猎人马上稳住了自己的情绪，这回真是神奇，他瞄得又准又快，只一枪就把这只猛兽打倒在那堆干枯的树枝旁。

可是，猎人还没来得及顺畅地喘口气呢，第三只熊的脑袋又从第一只熊跳出来的那个黑洞里探了出来，这个脑袋也是额角宽宽的，只不过长着棕红色的毛发。他还没完全看清，第四个脑袋又冒了出来，简直就像变魔术一样，【**比喻：**把熊接连不断地出现的情形比作“变魔术”，突出了当时情况的神奇和不可思议，语言活泼，富有趣味。】一个接一个的。

塞索伊奇一下子被眼前的景象吓得慌了神，他的心狂跳起来，心想：“难道这片树林里所有的熊都聚集在这堆枯木下面吗？它们听到枪声后，会不会一下子全都爬出来一起围攻我？”

他惊得也顾不得瞄准了，就一连开了两枪，然后就扔掉了空枪。就在这时，他看见，开了第一枪后，那个棕红色的脑袋消失了；第二枪打中了，可是，打中的竟然是小霞。原来不知什么时候，小霞跑了过去，中了弹，就这样白白送了性命。

这个时候，塞索伊奇感到浑身无力，两腿发软，眼前一黑，才刚走了三四步，就被第一只熊的尸体绊倒在地，重重地摔在上面，昏了过去。

他也不知道就这样在地上躺了多久。他醒来的时候，情况更加危急和恐怖了：他只是感觉自己的鼻子很疼，被什么东西给使劲钳住了。【**动词：“钳住”一词写出了熊宝宝含住猎人鼻子的情况，突出了熊宝宝的力度，也说明虽是熊宝宝，但也危险异常，使猎人受到不小的惊吓。**】当他下意识地伸手捂住自己的鼻子的时候，手却一下子碰到了一个毛茸茸、热乎乎的活物。他一个激灵睁开了眼，发现一对暗绿色的熊的眼睛正盯着他呢！

塞索伊奇大叫起来，使劲挣扎，费了好大力气，终于挣脱了这野兽的嘴巴。

他慌里慌张地跃身而起，撒开腿就向前冲，可是不幸的是，他只跑了几步远的距离，就一下子陷入厚厚的积雪堆里了。雪一下子没到他的腰部。

塞索伊奇终于侥幸地安全到家了。到了家里，定了定神，他才恍然大悟，回想起刚才咬他鼻子的只是一只熊宝宝。

塞索伊奇仔细地前前后后地回忆了自己刚刚的经历，觉得实在是太凶险又太离奇了。原来，他开始只是把熊妈妈给打死了，但接着，熊妈妈3岁的儿子从枯树堆的另一端跳了出来。

这个年纪的熊一般都是小公熊，不会是小母熊。在夏季里，它常常帮熊妈妈照顾自己的小弟弟和小妹妹们；冬天，为了保护它们，它往往就睡在它们的旁边。

那一大堆被风吹倒的枯树下面，实际上有两个熊洞，熊大哥住在其中一个

洞里，另一个洞则住着熊妈妈和它的两个1岁大的熊宝宝。

熊宝宝虽然只有1岁，但有一个12岁的孩子那样重，而且早已长了宽宽的额头和大大的脑袋了。这就很容易明白，为什么惊恐的猎人错把它当成大熊了。

当猎人躺在那里，脑袋晕晕乎乎的时候，【**形容词：“晕晕乎乎”一词形象地刻画出了猎人晕倒在地后脑袋传递给他的真实感受，也体现出猎人在接二连三的惊吓后身体的自然反应，用词贴切具体。**】这个熊家庭里唯一的幸存者——熊宝宝蹭到它妈妈的怀里，把头使劲往它妈妈怀里拱。它饿得想吃奶。它可能错把塞索伊奇的鼻子当成熊妈妈的奶头了，所以忍不住含在嘴里猛咂起来。

就在那片树林里，塞索伊奇埋葬了小霞，又捉住了那只熊宝宝，把它带回了自己的家。

那只熊宝宝活泼可爱极了，小霞离开了，猎人感到寂寞，正好有这只熊宝宝来安慰他，他们就这样安慰着彼此的心灵。

本报特约记者

写一写，练一练

1. 写出下列词语的近义词。

平整——（　　）　神奇——（　　）

2. 造句。

机警——______________________________

诱惑——______________________________

打靶场

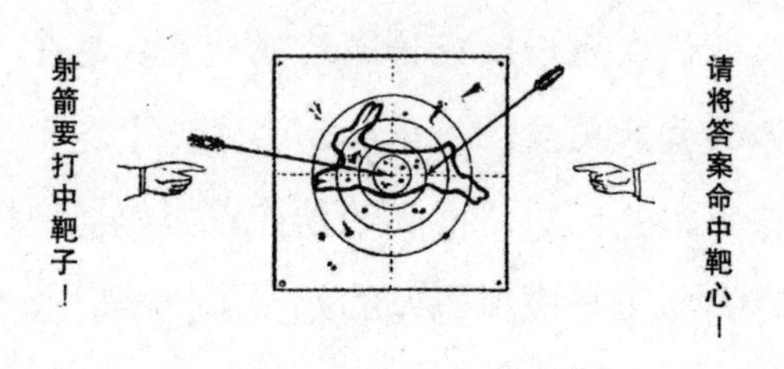

第十二期竞答题

1. 哪一种小兽脑袋朝下睡一冬？

2. 刺猬是如何度过冬天的？

3. 有哪一样东西，松鼠冬天是不吃的？

4. 哪一种鸟一年四季都能孵小鸟，即使是在冰天雪地中也不停止？

5. 寒冷的冬天里，当所有的昆虫都纷纷进入冬眠的时候，山雀对人来说是益鸟还是害鸟？

6. 寒冷的冬天，獾这种动物对人有益还是有害？

7. 冬天里哪一种鸣禽会钻到冰底下的水里去找食物？

8. 做鸟巢的时候，要在巢里面入口底下钉个小小的三角架子，这是为什

么?

9. 什么生物的骨骼是露在外面的?

10. 雏鸟在蛋壳里能呼吸吗?

11. 如果把青蛙从雪底下挖出来，拿到火旁烤，会发生什么样的事情?

12. 麻雀什么时候的体温会比较低，冬天还是夏天?

13. 钻到冰层底下的海豹，是用什么呼吸的?

14. 不是在屋里，也不是在户外，听到的是夜莺的歌声。（谜语）

15. 哪个地方的雪先开始融化，森林里的还是城市里的?原因是什么?

16. 哪一种鸟到来的时候，我们就认为是春天开始啦?

17. 新砌一道墙，墙上开个窗。白天玻璃打碎，夜里就能装上。（谜语）

18. 冬天真饿，夏天真饱。（谜语）

19. 在小木屋里能冻死，在外面却没事。（谜语）

20. 一件呢子，经过窗口，铺在地上。（谜语）

21. 什么比森林还高，比光线还亮?（谜语）

22. 没有头脑，但比野兽有智慧。（谜语）

23. 身穿一件白皮袄，满树林子来乱跑。（谜语）

24. 春天叫人愉快，夏天叫人凉快，秋天叫人吃个痛快，冬天叫人暖和过来。（谜语）

最后一封急电

候鸟的先锋队——秃鼻乌鸦出现在城市上空了。漫长的冬季终于过去，森林又忙于迎接新年了，让我们再从头阅读《森林报》吧！

打靶场答案

“锐眼”称号竞赛答案及解析

打靶场答案

第十期竞答题

1. 12月22日。这是一年中白昼最短、黑夜最长的一天。

2. 猫。猫的脚印没有爪尖留下的印迹，因为猫在走路的时候，会把爪尖缩进脚掌里。

3. 水獭和水貂，因为这两种野兽以捕鱼为生。

4. 不生长，因为处于休眠状态。

5. 因为初雪过后，雪地上的脚印都是新的，你随便沿哪一行脚印追踪，都可以找到一种野兽。

6. 黑琴鸡、山鹑和榛鸡。

7. 在田野里穿上白色外套，这样在白雪的衬托下不容易被发现；在森林里穿灰衣服，因为无论穿其他哪种颜色的衣服，在冬天没有绿叶的森林里，都比灰衣服更显眼。

8. 因为兔子跑的时候，两条长长的后腿会向前伸出。

9. 不做巢，不孵小鸟。

10. 黑琴鸡。

11. 丘鹬，因为它可以把嘴插到深深的泥土里去找食物吃。

12. 鼩鼱，因为它散发出浓烈的麝香气味，狐狸的嗅觉很灵敏，受不了这种刺鼻的气味。

13. 熊。

14. 因为鸮鸟或鹞鹰攻击兔子时，一只脚爪扎进了兔子背，另一只脚爪则竭力抓住树木或灌木的枝条。受惊的兔子往往拼尽全力奔逃，以至于把死死抓住树枝的鸟类撕成两半。

15. 枪弹穿透了鹿的身体，因此它脚印的两旁留下两行血迹。

16. 大风雪。

17. 狼。

18. 风。

19. 严寒。

20. 严寒。

21. 冰。

22. 风雪。

23. 黑麦、燕麦、小麦。

24. 腌蘑菇。

第十一期竞答题

1. 脂肪厚的胖熊。冬眠的熊就靠厚厚的脂肪层来提供营养和保温。

2. 狼不像猫科动物那样，靠埋伏守候来伺机猎取食物，狼是靠4条腿来追捕自己要猎取的动物的。

3. 冬天，树木休眠，不再吸取水分，所以冬天伐的木柴比较干燥，是好的。

4. 根据树桩上的年轮就可以判断树的年龄。

5. 因为猫科动物总是先埋伏在一旁，然后突然跳出来捉住自己的猎物。它们都非常喜爱清洁，因为它们不能让自己身上散发出什么气味，要不然，它们所要猎取的动物，隔得老远就能闻到它们身上的气味，就不敢靠近它们设下埋伏的地方了。

6. 因为冬天在人居住的地方，它们比较容易找到食物。

7. 不是所有的乌鸦都飞到别处去过冬。一部分乌鸦会留在当地过冬。它们冬天生活在污水坑旁、垃圾堆附近或丛林里。

8. 什么也不吃，冬季它睡觉。

9. 那些从洞里被赶出来的不能继续冬眠的熊。

10. 冬天，蝙蝠睡在树洞里、岩洞里、楼顶或者房檐下面。

11. 不是。只有雪兔冬天会变白，欧兔冬天还是灰色的。

12. 交嘴鸟一生都以吃各种针叶树的种子为生，所以它全身都被松脂浸透，松脂可以防止肉体腐烂。

13. 盖着雪“帽子”的树墩。

14. 雪。

15. 冬天，门一开，冷气从门外冲到屋里。

16. 熊和獾，还有其他冬天里要冬眠的野兽。

17. 缝毡靴。具体而言，用猪鬃穿上麻线，穿过用牛皮做的靴底，再缝上用羊毛毡做的靴帮。

18. 男人带着猎狗去捕熊。要是没有猎狗，男人就会被熊给咬死。

19. 胡萝卜、白萝卜。

20. 白菜。

21. 洋白菜。

22. 大圆萝卜。

第十二期竞答题

1. 蝙蝠。

2. 冬眠。

3. 肉。（参看《森林报》第三期）

4. 交嘴鸟。

5. 益鸟。冬天里，山雀靠寻找那些躲在树皮缝隙中和小蛀洞里的昆虫和它们的卵、蛹来充饥。

6. 无益也无害，因为獾冬季要冬眠。

7. 河乌。

8. 为了不让猫把爪子伸到巢里去。（参看《森林报》第一期）

9. 有许多昆虫、虾蟹和其他一些节肢动物，它们的骨骼是露在外面的。它们外面的骨骼是一种质地很硬的东西，被称为“甲壳质”。

10. 能。雏鸟通过蛋壳上的气孔来呼吸。如果在蛋壳上涂上一层油漆或者一层厚厚的胶水，那么空气透不进去，雏鸟也就被憋死了。

11. 温度骤变会导致青蛙死亡。

12. 麻雀的体温冬天和夏天一样。

13. 海豹在水里不呼吸，它们会在冰面上凿窟窿用来透气。

14. 对着大街的房门，一开一关，就发出咿呀的响声，像夜莺叫似的。

15. 城市里的雪融化得早，因为城市里的积雪脏一些，颜色更深，吸收的热量也就相对较多。

16. 秃鼻乌鸦。
17. 冰窟窿夜里又被冻上了。
18. 狼。
19. 玻璃窗。只有屋里面一层结了冰。
20. 太阳光透过窗口射进来。
21. 太阳。
22. 捕兽器。
23. 兔子。
24. 森林。

“锐眼”称号竞赛答案及解析

九

图1　喜鹊留在雪地上的脚印。它先是在雪地上蹦蹦跳跳了一番，留下了一串脚印，后来翅膀往地上一扑，尾巴在雪地上一拍，就飞走了。

图2　雪兔在这里吃过东西。它差不多把一丛小柳树啃得光秃秃的；周围雪地上，留下了它的“榛子”形状的脚印。

图3　兔子的脚印，有雪兔的，有欧兔的。这两种脚印很容易辨认：雪兔的脚印是圆的，而欧兔的脚印则是窄而狭长的。

十

图里的脚印告诉我们以下事情：

寒冷冬季的一天夜里，一只雪兔蹦蹦跳跳地来到一个干草垛旁，想偷吃干草，它待在那个地方一定有不短的时间，吃了不少干草！你瞧，地上留下了这么多它的脚印和粪便，每一个脚印看起来都像是小小的榛子。

现在，你瞧，一只狐狸从右侧偷偷地向它走了过来。狐狸很谨慎小心，躲躲藏藏地往前行进。狐狸的脚印和狗的脚印非常相似，但比狗的窄一些，而且在地上形成均匀笔直的直线。

但是，还没等狐狸走到跟前，雪兔就已经灵敏地发现了，它跳起来转身就跑。留在地上的脚印显示，它连蹦带跳的，一直穿过田野，向森林那边跑了过去。

狐狸也反应敏捷，飞快地跳跃着径直追了过去，想要截住兔子，防止它逃进森林。

但是，不知道发生了什么事，狐狸半途中突然拐了个弯，闪身跑进了灌木丛。

兔子几乎已经跑进了森林里。可是，它却又忽然消失不见了：地上它的脚印不见了，哪儿都找不到，就好像突然钻到地底下去了似的。

可是不对呀，如果它真的钻到地底下去了，那也应该有个窟窿在雪上啊！但是，在它的脚印消失的地方，只能看见积雪上有一个小洼，那里还有几撮兔毛，以及一摊鲜红的血；小洼两旁还显示着两个圆翅膀留下的大印子，看得出这是某种猛禽在积雪上使劲扑棱它的大翅膀留下的。

很明显，这应该是个头很大的猫头鹰或雕等猛禽在此待过留下的痕迹。

猛禽用爪子紧紧抓住了兔子，用它那令人恐惧的钩形嘴，对着兔子狠狠地啄下去，接着用尖利的爪子抓着兔子，扑扇着大翅膀腾空飞去，一直飞到森林里消失了。

现在我们可以弄清楚了：狐狸会突然拐弯，那是因为猛禽在它的眼皮底下掠走了它马上就要到手的美味。

我们的读者中间如果有谁仅仅凭这些脚印留下的信息，就能够推测出这个悲惨故事的完整情节，我们就应该赠给他一个荣誉称号——锐眼侦探。

读《森林报·冬》有感

《森林报·冬》以来自森林的各种新闻信息为主要内容，向读者朋友们展示了寒冷冬季里森林里的各种动物、植物对抗严寒和饥饿的办法和智慧。书中的一系列小故事，充满智慧，非常有趣。

全书主要分为两大部分：第一部分讲的是雪地里的脚印和背后的故事；第二部分讲的是猎人和动物之间的故事。

冬天的雪地是安静的，但有时又会突然变得热闹起来。每当下过一场大雪，雪地就像是大地母亲的一床白鹅绒被子。但是过不了多久，白鹅绒被子就会变成脚印被子，这是为什么呢？原来，雪停了以后，小动物们就会到地面上来，找东西的找东西，透气的透气，场面热闹极了。但是等到第二天，又会下一场大雪，雪地立马变得干干净净，清清爽爽，没有半点污秽，又是一片洁净的景象。

我从书中还感受到了人类对动物、植物的关爱和猎人冰冷残酷的性格，感受到小兔子的活泼可爱和狐狸的凶狠狡猾。

猎人们冬天打猎通常会穿灰色或者白色的衣服。因为雪的颜色和白色很接近，这样可以很好地隐蔽起来，不会轻易被动物发现。

打猎的时候，猎人们通过观察雪地里的脚印来追踪动物的身影。猎人只要看一下脚印的形状就知道有什么动物来过这里。猎人们知道有只动物来过

这里，就能找到那只动物。只要猎人找到动物在哪里，就能把动物捉到，当成自己的战利品。

书中这些小故事耐人寻味，非常有趣。作品表现了森林里的动物和植物在冬天独特的生活状况，向我们展现了冬天大自然的无穷奥秘，教我们怎样去观察大自然，怎样去思考和研究大自然。

大自然是包罗万象的，也是千姿百态的，我希望人类不要随意伤害动物和植物，也希望所有人都能够与大自然和谐共处。

这本书是我所看过的《森林报》里面最好看的一本，因为这本书的内容更丰富有趣，令我看得津津有味。《森林报·冬》在传授给我知识的同时，也让我明白了保护大自然的重要性。让我们一起来保护我们的家园吧！

《森林报·冬》读后感

暑假里，我读了一本书—《森林报·冬》。这本书真是让我获益匪浅！

《森林报·冬》是作家比安基的作品，他在书中向我们讲述了很多发生在森林里的“新闻事件”，这些故事精彩而有趣。

这本书是一本描写大自然的科普读物，可以帮助我们了解自然、增长科学知识。在《森林报·冬》里，冬天小动物储存的食物都吃完了，而且天气很冷，小动物很容易被饿死。冬天的小动物真可怜哪！天冷，又时常吹着凛冽的寒风，每年的这个时候都可以在雪地上找到冻死的飞禽走兽，东一个西一个，一片凄凉！风把树桩和倒在地上的树干下的积雪扫了出来，那里藏着许多小野兽和甲虫、蜘蛛、蚯蚓，这样一来它们也就在外面冻死了。

此外，书中还描绘了动物们各种各样的脚印，介绍了捕小野兽的捕兽器，讲述了猎人们在森林里猎熊的精彩情节。这本书充满趣味，真是一位知识丰富的自然老师呀！

《森林报·冬》告诉我们，在看似沉寂的冬季里，其实有许多生命仍然活跃在森林的每一个角落，让我们的心灵震撼，让我们对生命的顽强和韧性心生敬畏。同学们，让我们做友爱的人，让社会变得更和谐、安宁，让生活变得更温馨、甜蜜！

考试真题回放

名著阅读。

一望无际的大地上银光闪闪、白雪皑皑，厚厚的积雪在地面上延伸，犹如给大地覆盖上一条宽大厚实的洁白地毯，非常壮观。可是，一想到在漫长又冰冷刺骨的冬季里，整个大地陷入沉寂，五颜六色、芬芳四溢的花凋谢了；翠绿可爱、生机盎然的小草也枯萎了；地面上没有了红花绿草的点缀，显得光秃秃的，只有那些灰头土脸、冰冷可怜的树干还无奈地伫立在那里，除此之外一无所有，你的心情还能如往常一样舒畅愉悦吗?

面对这种情景，人们总是会想办法自我安慰："别再庸人自扰了，还是顺其自然吧！大自然不是一向这么四季轮回吗? 往好处想想吧，告诉自己，冬天来了，美丽的春天还会远吗? "

可事实上，上面这些担忧只能证明我们对大自然知之甚少，我们总是太自以为是了。

1.选文出自苏联儿童科普作家比安基的《森林报》，这部作品分为春、夏、秋、冬四册，根据作品内容，请判断上段内容出自《森林报》中的哪一册？除了《森林报》，你还知道他的哪些作品？试写一两部。

____

____

2.文中画线句子认为"我们对大自然知之甚少""我们总是太自以为是了"，这么说的原因是什么呢？请结合你读过的原文回答。

____

____

3.请用下面的词语造句。

（1）庸人自扰：______________________________

（2）自以为是：______________________________

阅读达标训练

❶ 阅读下面的内容，回答后面的问题。

这些小动物就这样在寒冷中坚持着，忍耐着，煎熬着，终于等来了期盼已久的大雪。那纷纷扬扬、漫天飞舞的大雪就这样一天接着一天地下呀，下呀，好像永不止息似的。地面上很快就被皑皑白雪覆盖得严严实实，而且渐渐堆积得像小山似的。站在这厚厚的可以没过人的膝盖的雪里放眼望去，眼前是一片无边无际的洁白的雪海，要想挪动脚步，艰难的程度简直是无法想象的。面对这样壮观的景象，各种小动物似乎一下子兴奋起来了。榛鸡、黑琴鸡，甚至松鸡，都是把整个身子一下子扎到雪堆里；田鼠、鼩鼱等不冬眠的穴居小动物也都被雪吸引，一个个从自己那深藏地下的洞穴里露出头来，激动地在雪海上蹿来蹿去；肉食动物伶鼬，像小海豹似的，不停地在这广袤无垠的雪的海洋里钻，好像精力无限，永不知倦。它不时地跳到雪海外面，观察一下周围的情况，看看有没有从地下露出头的榛鸡什么的。一旦发现猎物，它会以极快的速度一头扎进雪海里，再无声无息地潜行到那些鸟跟前来个突然袭击，捕获美食。

（1）文中“这样壮观的景象”具体指什么？

____

____

（2）文中画波浪线的句子采用了______修辞手法，你能说出它好在哪里吗？

____

（3）结合原文，说说面对如此景象，为什么“各种小动物似乎一下子兴奋起来了”呢？

____

❷ 根据题干要求选出下面说法中正确的一项。

（1）在森林历中，冬天从哪天开始？（　　）

A.11月21　　B.12月21　　C.1月21

（2）下列动物中，哪种肉食动物的脚印里没有爪子印？（　　）

A.猫　　B.狗　　C.狼

（3）在森林中打猎，最好穿什么颜色的衣服呢？（　　）

A.绿色　　B.红色　　C.灰色

（4）兔子在雪地上留下的脚印，在前的是（　　）

A.前脚印　　B.后脚印　　C.不一定

（5）鸟和爬虫谁更怕冷？（　　）

A.鸟　　B.爬虫　　C.都一样

（6）蛤蟆在冬天靠吃什么为生？（　　）

A.虫子　　B.庄稼　　C.什么也不吃，冬眠

（7）在冬天，蝙蝠喜欢在哪些地方过冬？（　　）

A.岩洞　　B.树枝　　C.雪底

（8）为什么一到冬天，飞禽都喜欢到有人的地方聚集？（　　）

A.安全　　B.温暖　　C.食物

（9）麻雀的体温在冬天低还是在夏天低？（　　）

A.冬天　　B.夏天　　C.一样

（10）哪种鸟回来代表春天的开始？（　　）

A.大雁　　B.秃鼻乌鸦　　C.天鹅

❸ 简答题。

（1）在冬天，如果你挖出一只冻僵的青蛙，把它拿到火边烤，会有怎样的结果呢？

____

____

（2）森林和城市，哪里的雪最先开始融化？为什么？

____

____

（3）怎样区分交嘴鸟的性别呢？

____

____

（4）交嘴鸟的尸体为什么可以长期不腐烂？

____

____

（5）树木是怎样过冬的？

____

____

森林中的大事

1. 温暖　明明白白

2. shù　shùn

乡村日历

1. lǐn　zhì

2. 春节到了，大街上变得热闹起来，到处充满着欢歌笑语。

她表面上看起来很纤弱，但在800米的长跑比赛中坚持了下来，真的不一般！

公告

1. 尊贵　缓慢

2. long　xián

一年12个月的欢乐诗篇——1月

1. 狭窄　柔软

2. 魔术师的手一动，手上的毛巾就消失得无影无踪了。

生活在淤泥里的河蚌竟然能孕育出圆润光洁的珍珠。

城市新闻

（1）考察　（2）观察

一年12个月的太阳诗篇——2月

1. 轻松　温暖

2. xiào biāo

林中狩猎

1. 平坦 奇妙
2. 猫是一种非常机警的小动物。
桌子上放着一块肉，它散发出来的香味对趴在桌子底下的小狗充满了诱惑。

考试真题回放

1. 冬 示例：《小老鼠比克流浪记》 《大山猫历险记》 《无所不知的兔子》 《写在雪地上的书》
2. 因为即使是在大雪覆盖的土地上，你还是能看到很多花草，非常有生机，甚至还开着花。
3. （1）这样做其实没有什么好处，何必庸人自扰？
（2）她总是一副自以为是的样子，真讨厌！

阅读达标训练

❶（1）“这样壮观的景象”指森林被厚厚的大雪覆盖。
（2）拟人；拟人的修辞手法写出了小动物们看到被大雪覆盖后的地面的兴奋与激动。
（3）地面上的雪堆得很厚很厚，寒风就不能吹到雪底下，这样雪就像又厚又暖的被子一样覆盖着大地，阻挡冷风和寒气，这样动物们就可以不再挨冻了。

❷（1）B （2）A （3）C （4）B （5）B
（6）C （7）A （8）C （9）C （10）B

❸（1）青蛙会死去，因为温度突然改变，青蛙会受不了。
（2）城市；因为城市人口多，积雪相对脏，吸收热量也多，所以融化得早。
（3）主要看它们的羽毛，雄交嘴鸟的羽毛是由深到浅的红色，雌交嘴鸟的羽毛

则是绿色的。

（4）主要原因就是它们终生都吃球果。松子和云杉的种子含有大量的松脂。那些吃了一辈子松子和云杉种子的老交嘴鸟，它们的身体已经完全被松脂浸透了，就如同皮靴被柏油渗透一样。它们死后尸体不会腐烂，这正是松脂起到的作用。

（5）在冬天，树木也会冬眠。它们在夏天的时候会储备充足的能量，到了冬季就停止活动，开始睡觉；它们还会抛弃树叶，减少热量流失；另外还会在树干与树枝的皮下，储存木栓组织，阻止树心里的热量散发。